高等职业技术教育精品教材——土木工程类

工程力学实验实训指导书

（第3版）

主编 胡拔香

西南交通大学出版社
·成都·

内容提要

本书内容分为4章：第一章为绪论；第二章为基本实验实训，主要是工程材料的基本力学性能实验，包括材料在轴向拉伸时的力学性能检测、材料在轴向压缩时的力学性能检测、细长压杆稳定性测定、简支梁纯弯曲部分正应力测定、简支梁纯弯曲部分挠度测定；第三章为选择、开发性实验实训，共安排了5个实验内容，包括材料的弹性模量和泊松比测定、材料在扭转时的力学性能检测、弯扭组合构件主应力测定、偏心拉伸构件正应力测定、复合梁弯曲正应力测定；第四章为实验实训设备及测试原理。

本书适用于道路桥梁工程技术、铁道工程技术、工业与民用建筑等交通土建类专业工程力学实验实训课的教学，也可供从事材料性质研究及工程测试的技术人员参考和使用。

图书在版编目（CIP）数据

工程力学实验实训指导书 / 胡拔香主编. -- 3 版.
成都：西南交通大学出版社，2024.11. -- ISBN 978-7-5774-0226-0

Ⅰ. TB12-33
中国国家版本馆 CIP 数据核字第 20241425XB 号

Gongcheng Lixue Shiyan Shixun Zhidaoshu
工程力学实验实训指导书（第3版）

主　编 / 胡拔香	策划编辑 / 王　旻
	责任编辑 / 王　旻
	封面设计 / 何东琳设计工作室

西南交通大学出版社出版发行
（四川省成都市金牛区二环路北一段 111 号西南交通大学创新大厦 21 楼　610031）
营销部电话：028-87600564　　028-87600533
网址：http://www.xnjdcbs.com
印刷：四川森林印务有限责任公司

成品尺寸　185 mm×260 mm
印张　4.5　　字数　102 千
版次　2013 年 1 月第 1 版　　2020 年 1 月第 2 版
　　　2024 年 11 月第 3 版　　印次　2024 年 11 月第 13 次
书号　ISBN 978-7-5774-0226-0
定价　29.00 元

课件咨询电话：028-81435775
图书如有印装质量问题　本社负责退换
版权所有　盗版必究　举报电话：028-87600562

第 3 版前言

本书结合国家职业教育地下与隧道工程技术、土木工程检测技术、道路桥梁工程技术专业教学资源库建设，配套工学结合教材《工程力学》开发。本书的宗旨是使学生在较少的学时内，掌握工程力学实验的基本方法和基本技能，培养学生的动手能力及综合应用基础理论和实验手段解决工程实际问题的能力。本书适用于道路桥梁工程技术、铁道工程技术、地下与隧道工程技术、工业与民用建筑等土建类专业工程力学实验实训课的教学，也可供从事材料性质研究及工程测试的技术人员参考和使用。

本书是在第 2 版的基础上，根据高职高专教育教学改革的新形势修订而成。继续保持前两版教材的特色，进一步精选内容，以立德树人为目标，夯实基础理论、强化应用能力。将知识和技能并轨，学习与运用结合。同时注重数字化资源建设，构建"纸质教材主体承载、在线开放课程配套支持、资源库辐射共享"的新形态三位一体化教材。

本书由陕西铁路工程职业技术学院胡拔香主编。胡拔香、丁广炜老师制作了该书配套的动画、微课视频等数字化资源。

本书编写过程中得到了教研室袁光英老师和金花老师、实验室刘蜀君老师和王宏礼老师的支持和帮助，在此一并表示感谢。

由于编者水平有限，书中难免有不妥之处，敬请同行和读者在使用过程中提出宝贵意见，以便进一步修订。反馈邮箱：2650452@qq.com。

编 者
2024 年 4 月

第 2 版前言

为了适应目前高职教育"校企合作，工学结合"的人才培养模式改革和以职业岗位核心技能为导向的课程体系开发，结合国家职业教育道路桥梁工程技术、地下与隧道工程技术专业教学资源库建设，配套工学结合教材《工程力学》，我们开发了这本《工程力学实验实训指导书》。

工程力学实验实训是工程力学课程的重要组成部分，是土建类专业学生必备的基本能力训练，也是工程技术人员必须掌握的一项基本技能。通过实验教学，使学生掌握力学实验的基本方法和基本技能，培养学生的动手能力及综合应用基础理论和实验手段解决工程实际问题的能力。

本书内容分为 4 部分：第一章为绪论；第二章为基本实验实训，主要是工程材料的基本力学性能实验，包括材料在轴向拉伸时的力学性能检测、材料在轴向压缩时的力学性能检测、细长压杆稳定性测定、简支梁纯弯曲部分正应力测定、简支梁纯弯曲部分挠度测定、材料的弹性模量 E 和泊松比 μ 的测定；第三章为选择、开发性实验实训，共安排了 6 个实验内容，包括材料在扭转时的力学性能检测、弯扭组合构件主应力测定、偏心拉伸构件正应力测定、等强度梁正应力测定、电阻应变片灵敏系数标定、复合梁弯曲正应力测定；第四章是实验实训设备及测试原理。为了便于学生预习和理解，在本次编写过程中，对基本实验实训部分辅以动画和微课视频等数字化资源，这也是本书的最大特点。

本书适用于道路桥梁工程技术、铁道工程技术、地下与隧道工程技术、工业与民用建筑等土建类专业工程力学实验实训课的教学，也可供从事材料性质研究及工程测试的技术人员参考和使用。

本书由陕西铁路工程职业技术学院胡拔香主编、李兆亭主审。胡拔香、丁广炜老师制作了该书中配套的动画、微课视频等数字化资源。

本书编写过程中得到了教研室袁光英老师和王龙老师、实验室刘蜀君老师和王宏礼老师的支持和帮助，在此一并表示感谢。

由于编者水平所限，书中难免有许多不妥之处，敬请同行和读者在使用过程中提出宝贵意见，以便进一步修订。反馈邮箱：2650452@qq.com。

编　者
2019 年 11 月

第1版前言

为了适应目前高职教育"校企合作，工学结合"的人才培养模式改革和以职业岗位核心技能为导向的课程体系开发，结合高等职业教育道路桥梁工程技术专业教学资源库建设，配套工学结合教材《工程力学》，我们开发了这本《工程力学实验实训指导书》。

工程力学实验实训是工程力学课程的重要组成部分，是土建类专业学生必备的基本能力训练，也是工程技术人员必须掌握的一项基本技能。通过实验教学，使学生掌握力学实验的基本方法和基本技能，培养学生的动手能力及综合应用基础理论和实验手段解决工程实际问题的能力。

本书内容分为4部分：第一章为绪论；第二章为基本实验实训，主要是工程材料的基本力学性能实验，包括材料在轴向拉伸时的力学性能检测、材料在轴向压缩时的力学性能检测、细长压杆稳定性测定、简支梁纯弯曲部分正应力测定、简支梁纯弯曲部分挠度测定、材料的弹性模量 E 和泊松比 μ 的测定；第三章为选择、开发性实验实训，共安排了6个实验内容，包括材料在扭转时的力学性能检测、弯扭组合构件主应力测定、偏心拉伸构件正应力测定、等强度梁正应力测定、电阻应变片灵敏系数标定、复合梁弯曲正应力测定；第四章是实验实训设备及测试原理。

本书适用于道路桥梁工程技术、铁道工程技术、工业与民用建筑等土建类专业工程力学实验实训课的教学，也可供从事材料性质研究及工程测试的技术人员参考和使用。

本书由陕西铁路工程职业技术学院胡拔香主编、李兆亭主审。

本书编写过程中得到了教研室袁光英老师和王龙老师、实验室刘蜀君老师和王宏礼的支持和帮助，在此一并表示感谢。

由于编者水平所限，书中难免有许多不妥之处，敬请同行和读者在使用过程中提出宝贵意见，以便进一步修订。反馈邮箱：2650452@qq.com。

编　者
2012年11月

《工程力学实验实训指导书（第 3 版）》数字资源表

序号	名　称	资源类型	页码
1	如何区分低碳钢、铸铁拉伸试件	视频	3
2	低碳钢拉伸试验	动画	4
3	铸铁拉伸试验	动画	6
4	刻线机的使用方法	视频	6
5	拉伸试验加装试件	视频	7
6	低碳钢拉伸试验	视频	7
7	铸铁拉伸试验	视频	8
8	拉伸试验拆掉试件	视频	8
9	低碳钢压缩试验	动画	8
10	铸铁压缩试验	动画	9
11	压缩试验加装试件	视频	9
12	低碳钢压缩试验	视频	11
13	铸铁压缩试验	视频	11
14	压缩试验拆掉试件	视频	11
15	细长压杆测临界力加载过程	视频	12
16	细长压杆测临界力	视频	13
17	纯弯曲梁测应力	视频	14
18	测挠度时如何安装百分表	视频	15
19	纯弯曲梁测挠度	视频	16
20	扭转圆柱体	动画	22
21	游标卡尺使用方法	视频	49
22	拉伸试验前测数据	视频	49
23	拉伸试验后数据处理	视频	50
24	压缩试验前测数据	视频	52
25	压缩试验后数据处理	视频	53
26	细长压杆测临界力后数据处理	视频	55
27	纯弯曲梁测应力后数据处理	视频	58
28	纯弯曲梁测挠度后数据处理	视频	61

目 录

第一章 绪 论 ··· 1
 一、工程力学实验实训的作用 ··· 1
 二、实验实训须知 ··· 1
 三、实验实训报告的书写 ··· 2

第二章 基本实验实训 ··· 3
 任务一 材料在轴向拉伸时的力学性能检测 ··· 3
 任务二 材料在轴向压缩时的力学性能检测 ··· 8
 任务三 细长压杆稳定性测定 ··· 11
 任务四 简支梁纯弯曲部分正应力测定 ·· 13
 任务五 简支梁纯弯曲部分挠度测定 ·· 15

第三章 选择、开发性实验实训 ·· 18
 任务一 材料的弹性模量 E 和泊松比 μ 的测定 ··· 18
 任务二 材料在扭转时的力学性能检测 ·· 21
 任务三 弯扭组合构件主应力测定 ··· 24
 任务四 偏心拉伸构件正应力测定 ··· 26
 任务五 复合梁弯曲正应力测定 ··· 28

第四章 实验实训设备及测试原理 ·· 31
 一、WDW-100E 微机控制电子式万能试验机 ·· 31
 二、WEW-600C 微机屏显式液压万能试验机 ·· 34
 三、微机屏显式液压式压力试验机 ··· 36
 四、TNS-DW2 微机控制扭转试验机 ·· 37
 五、XL3418 型材料力学多功能实验台 ··· 39
 六、XL3410S 型多功能压杆稳定实验台 ··· 44
 七、XL2101B2/B3 静态电阻应变仪 ·· 47

实验实训报告 ·· 49
 任务一 材料在轴向拉伸时的力学性能检测 ··· 49
 任务二 材料在轴向压缩时的力学性能检测 ··· 52
 任务三 细长压杆稳定性测定 ··· 54
 任务四 简支梁纯弯曲部分正应力测定 ·· 57
 任务五 简支梁纯弯曲部分挠度测定 ·· 60

参考文献 ·· 62

第一章 绪 论

一、工程力学实验实训的作用

工程力学实验实训是工程力学课程的重要组成部分，工程材料的力学性能测定以及工程力学的结论和理论公式，都是通过实验获得的。工程上，有很多实际构件的形状和受荷载情况较为复杂，此时，应力分析在理论上难以解决，很多情况下必须通过实验手段来解决。工程力学的发展历史就是理论和实验完美结合的历史。

学生学习工程力学实验实训的目的：

（1）熟悉了解常用机器、仪器的工作原理和使用方法，掌握基本的力学测试技术。

（2）测定材料的力学性能，观察受力全过程中的变形现象和破坏特征，以加深对建立强度破坏准则的认识。

（3）验证理论公式，巩固和深刻理解课堂中所学的概念、理论。

（4）对实验应力分析方法有一个初步的了解。

（5）增强动手能力，培养创新精神。

二、实验实训须知

（1）实验实训前，必须认真预习，了解本次实验实训的目的、内容、实验步骤和所使用的机器、仪器的基本原理，对课堂讲授的理论应理解透彻。

（2）按指定时间进入实验实训室，按指定位置认真完成规定的实验实训项目。

（3）在实验实训室内，应自觉地遵守实验实训室规则和机器、仪器的操作规程，对非指定使用的机器、仪器，不能任意乱动。

（4）实验实训小组成员，应分工明确（如记录人员、测变形人员和测力人员应由专人负责）。实验时要严肃认真，相互配合，密切观察实验现象，记录下全部所需测量的数据。

（5）按规定日期，每人交实验实训报告一份。要求字迹工整、清晰，数据书写要用印刷体，回答问题要独立思考完成，不允许抄袭。

三、实验实训报告的书写

实验实训报告是实验者最后交出的成果，是实验实训资料的总结。实验实训报告应当包括下列内容：

（1）实验实训名称、实验实训日期、实验实训者及同组成员姓名。
（2）实验实训目的及装置。
（3）使用的仪器设备。
（4）实验实训原理及方法。
（5）实验实训数据及其处理。
（6）计算和实验实训结果分析。

第二章　基本实验实训

如何区分低碳钢、铸铁拉伸试件

任务一　材料在轴向拉伸时的力学性能检测

拉伸实验是对试件施加轴向拉力，以测定材料在常温静荷载作用下力学性能的实验。它是工程力学最基本、最重要的实验实训之一。拉伸实验简单、直观、技术成熟、数据可比性强，是最常用的实验手段，由此测定的材料力学性能指标，成为考核材料的强度、塑性和变形能力的最基本依据，被广泛而直接地应用于工程设计、产品检验、工艺评定等方面。

一、实验实训目的

知识目标

通过本任务的学习，可以区分低碳钢和铸铁材料，可以测定并计算出低碳钢拉伸时的屈服强度或屈服极限 σ_s、抗拉强度或强度极限 σ_b、断后伸长率 δ 和断面收缩率 ψ；可以测定铸铁拉伸时的强度极限 σ_b。

能力目标

通过本任务的学习，能使用游标卡尺测试件尺寸，可以操作试验机，能画出低碳钢与铸铁试件轴向拉伸实验中的荷载-伸长曲线。比较低碳钢与铸铁抗拉性能的特点，并进行断口分析。

素质目标

通过本任务的学习，培养团队协作、精益求精、吃苦耐劳的敬业精神。

二、实验实训设备与工具

（1）微机控制电子式万能实验机。
（2）刻线机或小钢冲。
（3）游标卡尺。

三、实验实训试件

为了使实验结果具有可比性，且不受其他因素干扰，实验应尽量在相同或相似条件下进行，国家为此制定了实验标准，其中包括对试件的规定。

试验时采用国家规定的标准试样。金属材料试样如图 2.1 所示。试件中间是一段等直杆，等直部分画上两条相距为 l_0 的横线，横线之间的部分作为测量变形的工作段，l_0 称为标距；两端加粗，以便在试验机上夹紧。规定圆形截面试样，标距 l_0 与直径 d 的比例为 $l_0=10d$（长比例试件）或 $l_0=5d$（短比例试件）；矩形截面试样，标距 l_0 与截面面积 A 的比例为 $l_0=11.3\sqrt{A}$（长比例试件）或 $l_0=5.65\sqrt{A}$（短比例试件）。

本实验采用长比例圆试件。图 2.1（a）为一圆试件图样，试件头部与平行部分要过渡缓和，减少应力集中，其圆弧半径 r，依试件尺寸、材质和加工工艺而定，对 $d=10\ mm$ 的圆试件，$r>4\ mm$。试样头部形状依试验机夹头形式而定，要保证拉力通过试件轴线，不产生附加弯矩，其长度 H 至少为楔形夹具长度的 3/4。中部平行长度 $L_0>l_0+d$。为测定延伸率 δ，要在试件上标记初始标距 l_0，可采用画线或打点法，标记一系列等分格标记。

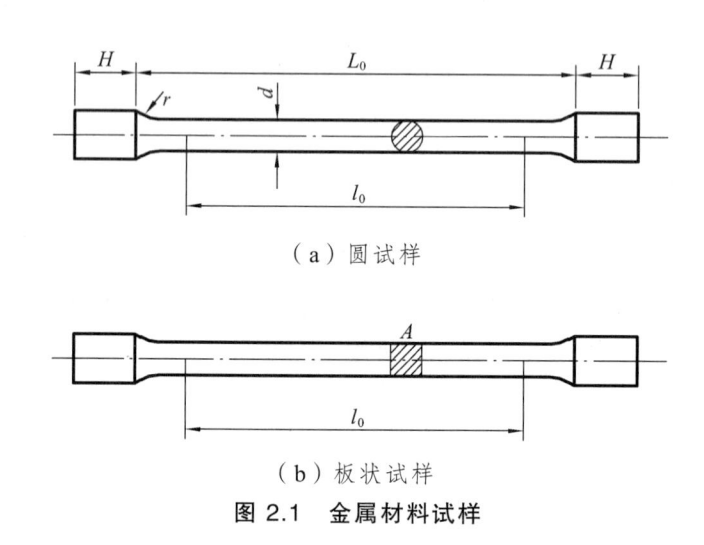

（a）圆试样

（b）板状试样

图 2.1 金属材料试样

四、实验实训原理与方法

拉伸试验是测定材料力学性能最基本的实验之一。材料的力学性能如屈服点、抗拉强度、断后伸长率和断面收缩率等均是由拉伸实验测定的。

1. 低碳钢

（1）荷载-伸长曲线的绘制。

低碳钢拉伸试验动画

通过与实验机连接的电脑可自动绘成以轴向力 P 为纵坐标、试件伸长量 Δl 为横坐标的荷载-伸长曲线（$P-\Delta l$ 图），如图 2.2（a）所示。低碳钢的荷载-伸长曲线是一种典型的形式，整个拉伸变形分成 4 个阶段，即弹性阶段、屈服阶段、强化阶段和缩颈阶段。

（a）低碳钢 P-Δl 曲线

（b）铸铁 P-Δl 曲线

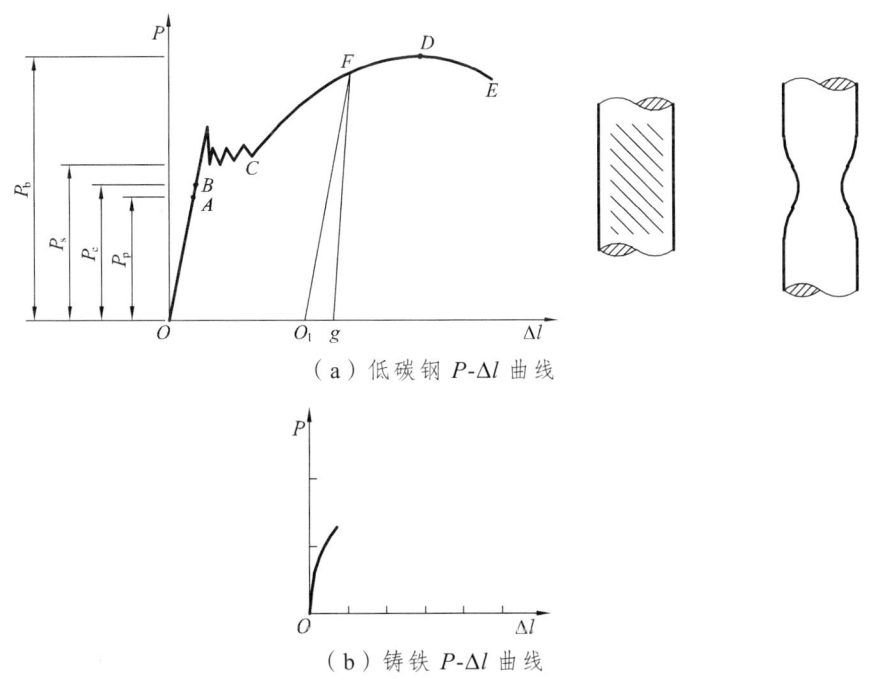

图 2.2　荷载-伸长曲线的绘制

（2）屈服点的测定。

图中最初画出的一小段曲线，是由于试件装夹间隙所致。荷载增加，变形与荷载成正比增加，在 P-Δl 图上为一直线，此即直线弹性阶段。过了直线弹性阶段，尚有一极小的非直线弹性阶段。因此，弹性阶段包括直线阶段和非直线阶段。

当荷载增加到一定程度，在 P-Δl 图上出现一段锯齿形曲线，此段即屈服阶段。经过抛光的试样，在屈服阶段可以观察到与轴线大约成 45°的滑移线纹。曲线在屈服阶段初次瞬时效应之后的最低点所得的荷载作为屈服荷载 P_s，与其对应的应力称为屈服极限 σ_s，有：

$$\sigma_s = \frac{P_s}{A_0} \tag{2.1}$$

式中　A_0——试件标距范围内的原始横截面面积，mm^2；

　　　P_s——屈服荷载，N；

　　　σ_s——屈服极限，MPa。

（3）抗拉强度的测定。

过了屈服阶段，随着荷载的增加，试件恢复承载能力，P-Δl 图的曲线上升，此即强化阶段。荷载增加到最大值处，显示器上"峰值"的数字停止不变。试件明显变细变长，P-Δl 图的曲线下降；试件某一局部截面面积急速减小而出现"颈缩"现象，很快即被拉断，试件断裂面各呈凹凸状，如图 2.3（a）所示，此即颈缩阶段。"峰值"上的数字就是最大荷载值 P_b，按式（2.2）计算抗拉强度 σ_b，有：

$$\sigma_b = \frac{P_b}{A_0} \tag{2.2}$$

式中 P_b、σ_b、A_0 的单位分别为 N、MPa、mm²。

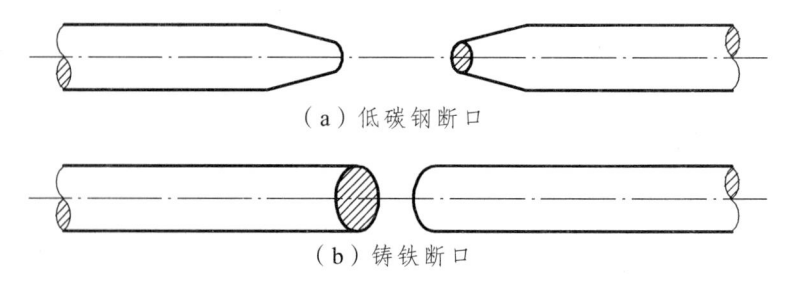

图 2.3 拉伸试样断口形状
（a）低碳钢断口
（b）铸铁断口

铸铁拉伸试验动画

（4）断后伸长率的测定。

试件拉断后，将两段在断裂处紧密地对接在一起，尽量使其轴线位于同一直线上，测量试件拉断后的标距。

断后标距测量方法：

① 直测法。如果拉断后到较近标距端点的距离大于试件原始标距 $l_0/3$ 时，直接测量断后标距 l_1。

② 移位法。如果拉断处到较近标距端点的距离小于或等于原始标距 $l_0/3$ 时，则按下述方法测定：

在试件断后的长段上从断裂处 O 取基本等于短段的格数，得 B 点。接着取等于长段所余格数（偶数）的一半，得 C 点［见图 2.4（a）］；或取所余格数（奇数）分别减 1 与加 1 的一半，得 C 和 C_1 点［见图 2.4（b）］。位移后的标距分别为：

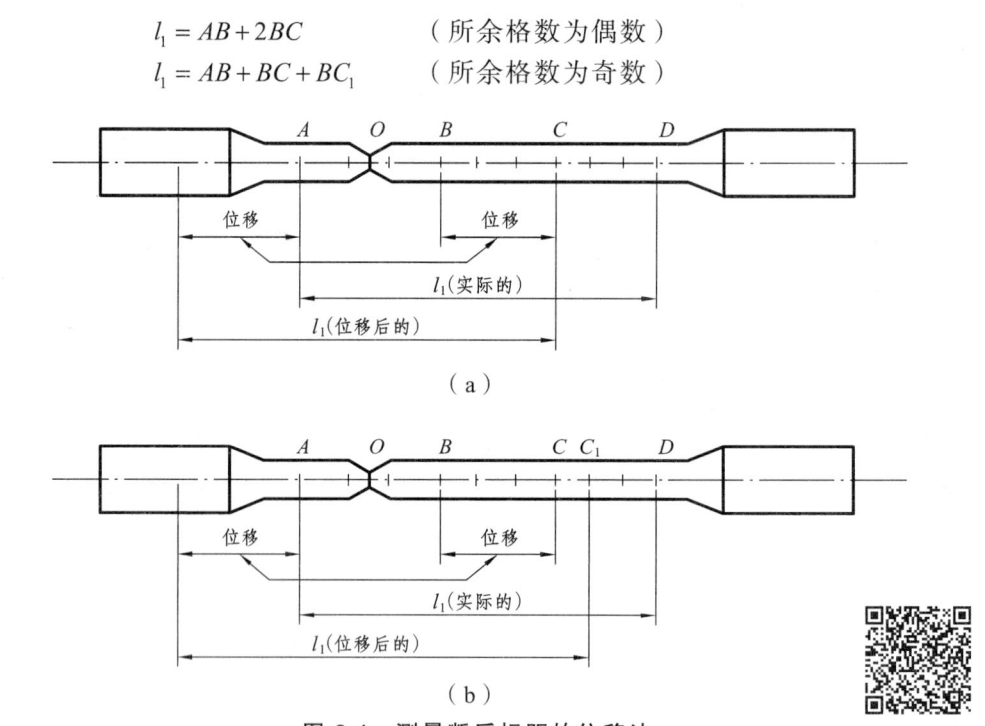

$$l_1 = AB + 2BC \quad \text{（所余格数为偶数）}$$

$$l_1 = AB + BC + BC_1 \quad \text{（所余格数为奇数）}$$

（a）

（b）

图 2.4 测量断后标距的位移法

刻线机的使用方法

当断口非常靠近试件两端,而与其头部的距离等于或小于直径的 2 倍时,需重做实验。断口伸长率 δ 为:

$$\delta = \frac{l_1 - l_0}{l_0} \times 100\% \quad (2.3)$$

式中　l_0——初始标距;

　　　l_1——断后标距。

（5）断面收缩率的测定。

测出试件断后颈缩处最小横截面上两个互相垂直方向上的直径,取其算术平均值计算出最小横截面面积,断面收缩率 ψ 为:

$$\psi = \frac{A_0 - A_1}{A_0} \times 100\% \quad (2.4)$$

式中　A_0——初始截面面积;

　　　A_1——断口处的截面面积。

2. 铸　铁

铸铁试件拉伸时,P-Δl 曲线[见图 2.2（b）]上无明显的直线部分,没有屈服现象,荷载增加到最大值处突然断裂。P_b 由"峰值"读出。试件断裂后断口平齐,如图 2.3（b）所示,塑性变形很小,是典型的脆性材料。其抗拉强度远小于低碳钢的抗拉强度,仍可用公式（2.2）计算。

五、实验实训步骤

1. 低碳钢拉伸实验

（1）准备试件。用刻线机在原始标距 l_0 范围内刻画圆周线（或用小钢冲打小冲点）,将标距分成等长的 10 格。用游标卡尺在试件原始标距内两端及中间处两个相互垂直的方向上各测一次直径,取其算术平均值作为该处截面的直径,然后选用 3 处截面直径最小值来计算试件的原始截面面积 A_0（取 3 位有效数字）。

（2）先打开计算机,再打开试验机。在计算机桌面打开"试金软件"图标,点击"实验操作"进入试验界面,然后,点击"新建试样"输入试样信息（如材料、形状、编号、试样原始标距等）,点击"确定"。

（3）装夹试件。先将试件装夹在上夹头内,再将下夹头移动到合适的夹持位置,最后夹紧试件下端。

（4）各项清零,选择适当的速度（国际标准速度）。建议低碳钢选 5 mm/min,铸铁选 2 mm/min。

（5）准备就绪后点击"开始"按钮,注意观察实验变形过程。

（6）待试样断裂后点击"停止"按钮（如能自动判断断裂停止则不需要点击"停止"按钮）。

（7）点击"实验分析"进入实验分析界面,对所需要的实验结果前面打上对号"√",

点击"自动计算"(如弹性模量、断后伸长率……)。如果需要计算"断后伸长率、断面收缩率"需要输入"断后标距、断后面积"。最后打印试验报告。

(8)结束试验。先关试验机,再关计算机。

2. 铸铁拉伸实验

除不必刻线或打小冲点外,其余都同低碳钢的试验过程。

3. 结束实验

请指导教师检查实验记录。将实验设备、工具复原,清理实验场地。最后整理数据,完成实验报告。

六、预习要求和思考题

(1)预习工程力学实验和工程力学教材有关内容,明确实验实训目的和要求。

(2)实验时如何观察低碳钢的屈服点?测定时为何要对加载速度提出要求?

(3)比较低碳钢拉伸、铸铁拉伸的断口形状,分析其破坏的力学原因。

任务二 材料在轴向压缩时的力学性能检测

一、实验实训目的

知识目标

通过本任务的学习,可以区分低碳钢和铸铁材料,可以测定并计算出低碳钢压缩时的屈服极限 σ_s;可以测定铸铁压缩时的强度极限 σ_{bc}。

能力目标

通过本任务的学习,能使用游标卡尺测试件尺寸,可以操作试验机,能画出低碳钢与铸铁试件的压缩曲线。观察并比较低碳钢和铸铁在压缩时的变形和破坏现象。

素质目标

通过本任务的学习,提升团队协作、精益求精的工匠精神。

二、实验实训设备与工具

(1)压力机或万能试验机。

(2)游标卡尺。

三、实验实训试件

试件加工需按《金属材料 室温压缩试验方法》(GB/T 7314—2017)的有关要求进行,

如图 2.5 所示。当试件发生压缩时，试件端部横向变形受到端面与试验机承垫间的摩擦力影响，使试件变形呈"鼓形"。这种摩擦力的影响，使试件抗压能力增加。试件愈短，影响愈加显著。当试件高度相对增加时，摩擦力对试件中部的影响就会减少，但过于细长，又容易产生弯曲。因此，压缩试件的抗压能力与其高度 h_0 和直径 d_0 的比值 h_0/d_0 有关。由此可见，压缩实验是有条件的，只有在相同的实验条件下，才能对不同材料的性能进行比较，所以金属材料压缩破坏实验用的试件，一般规定试件尺寸 $h/d=1\sim3$；为了使试件尽量承受轴向压力，试件两端必须平行，平行度 $\leqslant 0.02\%h$，并且与试件轴线垂直，垂直度 $<0.25°$。两端面应光滑以减少摩擦力的影响。

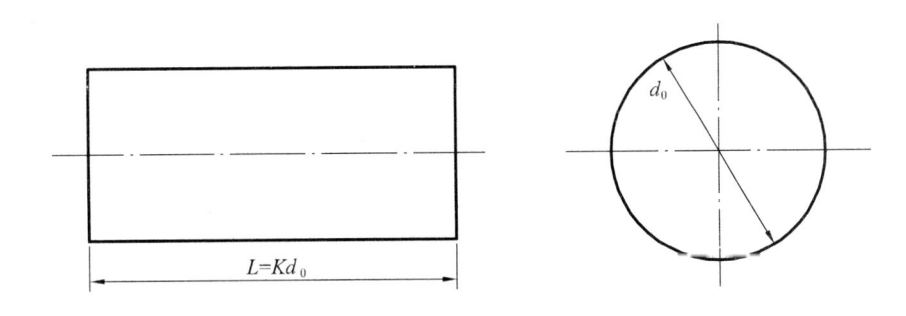

图 2.5 压缩试件简图

四、实验实训原理与方法

以低碳钢为代表的塑性材料，轴向压缩时会产生很大的横向变形，但由于试样两端面与试验机支承垫板间存在摩擦力，约束了这种横向变形，故试样出现显著的鼓胀，如图 2.6 所示。

塑性材料在压缩过程中的弹性模量、屈服点与拉伸时相同，但在到达屈服阶段时不像拉伸试验时那样明显，因此要仔细观察才能确定屈服荷载 P_s。当继续加载时，试样越压越扁，由于横截面面积不断增大，试样抗压能力也随之提高，曲线持续上升，如图 2.7 所示。除非试样过分鼓出变形，导致柱体表面开裂，否则塑性材料将不会发生压缩破坏。因此，一般不测塑性材料的抗压强度，而通常认为抗压强度等于抗拉强度。

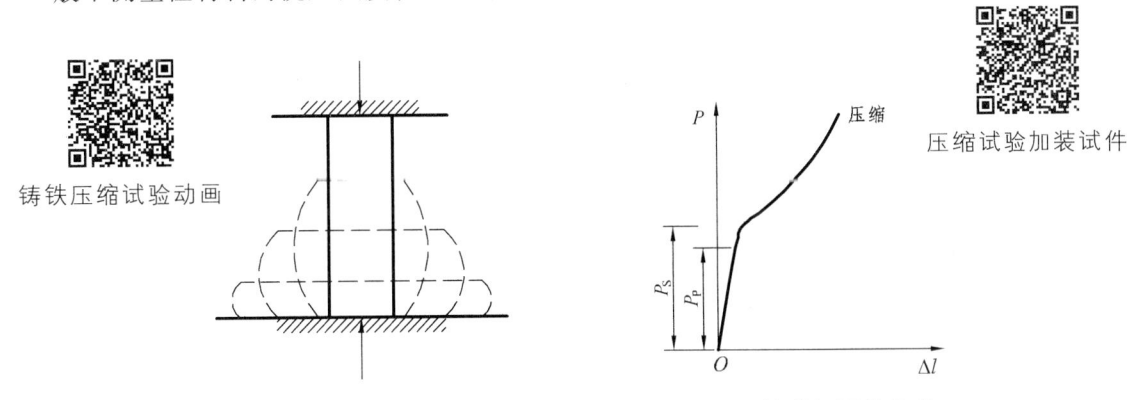

图 2.6 低碳钢压缩时的鼓胀效应　　图 2.7 低碳钢压缩曲线

以铸铁为代表的脆性金属材料，由于塑性变形很小，所以尽管有端面摩擦，鼓胀效应却并不明显，而是当应力达到一定值后，试样在与轴线成 45°～55° 的方向上发生破裂，如图 2.8 所示。这是由于脆性材料的抗剪强度低于抗压强度，从而使试样被剪断。其压缩曲线如图 2.9 所示。

图 2.8　铸铁压缩破坏图示　　图 2.9　铸铁压缩曲线

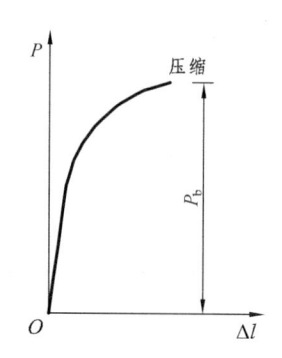

五、实验实训步骤

（1）用游标卡尺在试样两端及中间处两个相互垂直的方向上测量直径，并取其算术平均值，选用 3 处测量最小直径来计算横截面面积。

（2）试验机初运行。在通电状态下，打开计算机，进入软件状态。然后，按下电控柜面板上的电源按钮。

（3）在计算机上双击实验软件图标，进入试验操作。填写试样材料、高度、直径等信息。

（4）准确地将试样置于试验机活动平台的支承垫板中心处。

（5）调整试验机夹头间距，当试样接近上支承板时，开始缓慢、均匀加载。

（6）对于低碳钢试样试验力达到 280 kN，将试样压成鼓形即可停止试验。对于铸铁试样，加载到试样破坏时立即停止试验，以免试样进一步被压碎。峰值不变，试验力开始下降，下降 10 kN 后立即点试验结束。（铸铁试样需加防护罩，以防碎片飞出伤人。）

（7）结束试验。先关试验机，再关闭计算机。

六、实验实训结果处理

根据试验记录，计算应力值。

（1）低碳钢的屈服强度：$\sigma_s = \dfrac{P_s}{A_0}$。

（2）铸铁的抗压强度：$\sigma_{bc} = \dfrac{P_b}{A_0}$。

七、思考题

（1）为什么铸铁试样压缩时，破坏面常发生在与轴线大致成 45°～55° 的方向上？

（2）试比较塑性材料和脆性材料在压缩时的变形及破坏形式有什么不同。

（3）将低碳钢压缩时的屈服强度与拉伸时的屈服强度进行比较；将铸铁压缩时的抗压

强度与拉伸时的抗拉强度进行比较。

低碳钢压缩试验　　　铸铁压缩试验　　　压缩试验拆掉试件

任务三　细长压杆稳定性测定

一、实验实训目的

知识目标

通过本任务的学习，能理解欧拉公式，理解长度系数 μ 与杆件两端支撑的关系，可以用电测法测定两端铰支压杆的临界载荷 P_{cr}，并与理论值进行比较，验证欧拉公式。

能力目标

通过本任务的学习，可以操作多功能压杆稳定实验台，可以读取数据并计算出两端铰支压杆的临界载荷 P_{cr}，掌握两端铰支压杆丧失稳定时机。

素质目标

通过本任务的学习，培养良好的身心素质、文化品位、人文素养和科学素养。

二、实验实训设备与工具

（1）XL3410S 多功能压杆稳定实验装置。
（2）XL2101B2 静态电阻应变仪。
（3）游标卡尺、钢板尺。

三、实验原理与方法

对于两端支撑、中心受压的细长杆其临界力可按欧拉公式计算：

$$P_{cr} = \frac{\pi^2 E I_{min}}{(\mu L)^2} \tag{2.5}$$

式中　I_{min}——压杆横截面的最小惯性矩；
　　　L——压杆的长度；
　　　μ——压杆长度系数（两端铰支压杆取 $\mu = 1$）。
　　　E——弹性模量，MPa。

图 2.10（b）中水平线与 P（N）轴相交的 P 值，即为依据欧拉公式计算所得的临界力 P_{cr} 的值。当 $P<P_{cr}$ 时压杆始终保持直线形式，处于稳定平衡状态；当 $P = P_{cr}$ 时，标志着压杆丧失稳定平衡的开始，压杆可在微弯的状态下维持平衡；当 $P>P_{cr}$ 时压杆将丧失稳定而发生弯曲变形［见图 2.10（b）中曲线 A］。因此，P_{cr} 是压杆由稳定平衡过渡到不稳定平衡的临界力。

实际实验中的压杆,由于不可避免地存在初曲率、材料不均匀和荷载偏心等因素影响,在 P 远小于 P_{cr} 时,压杆有时也会发生微小的弯曲变形,只是当 P 接近 P_{cr} 时弯曲变形会突然增大,而丧失稳定[见图 2.10(b)中曲线 B]。

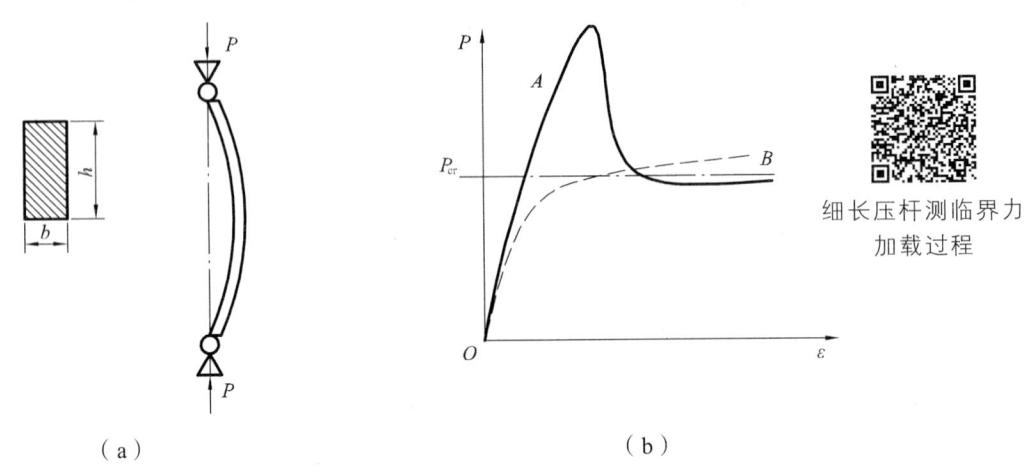

图 2.10 弯曲状态的压杆和 P-ε 曲线

实际测试时,使用静态电阻应变仪进行测试,静态电阻应变仪显示的为应变值,应变值与荷载值的换算关系为:

$$P = \frac{\varepsilon - a}{b} \qquad (2.6)$$

式中　ε——压杆失稳时应变仪读数;
　　　a——应变仪初始零点(一般将应变仪平衡后取 $a=0$);
　　　b——压力传感器灵敏度值。

四、实验实训步骤

(1)设计好本实验所需的各类数据表格。

(2)测量试件尺寸。在试件标距范围内,测量试件 3 个横截面尺寸,取 3 处横截面的宽度 b 和厚度 h,取其平均值用于计算横截面的最小惯性矩 I_{min}。

(3)调整好应变仪后,进入测量状态,调整应变仪零点(注意:此时应松开加力旋钮)。

(4)在正式测试实验之前,应先试压几次,以积累经验,同时观察试件变形现象以及弹性曲线特征;体会加力时的手感,注意有无突然松弛、试件突然变弯、应变仪读数有无突然下降等现象。如有,则是试件从直线状态的不稳定平衡,跳至微弯曲平衡。注意观察在继续拧进时的读数显示与此前有何变化等情况,反复做几次,同时可以轮换操作,亲身感受。

(5)正式测试时,做好位移和应变读数(压力)的记录。轴向位移:旋钮每转一圈压头下降 1 mm,每小格刻度为 0.02 mm,先旋松旋钮,检查应变仪读数是否为零,缓慢旋进,当见到应变仪读数出现改变时,调整轴向位移刻度盘,使之为零(若用侧向位移,须将磁性位移标尺横置于试件最大挠度处,对好零点)。加力的级差(旋钮刻度),初始时要小,明显弯曲后，可大幅度放大。实验至少重复两次。

（6）绘制应力-应变（P-ε）曲线。

（7）实验完毕，逐级卸掉荷载，仔细观察试件的变化，直到试件回弹至初始状态。关闭电源，整理好所用仪器设备，清理实验现场，将所用仪器设备复原，实验资料交指导教师检查签字。

细长压杆测临界力

任务四 简支梁纯弯曲部分正应力测定

一、实验实训目的

知识目标

通过本任务的学习，能理解纯弯曲概念，可以用电测法测定简支梁纯弯曲段横截面上不同位置的正应力大小，并与理论值进行比较，验证正应力计算公式。

能力目标

通过本任务的学习，可以操作 XL3418 型材料力学多功能实验台，可以读取数据并计算出简支梁纯弯曲段横截面上不同位置的正应力值，掌握正应力沿截面高度的分布规律。

素质目标

通过本任务的学习，增强文化自信，强化自强不息的爱国情怀。

二、实验实训设备与工具

（1）组合实验台中纯弯曲梁实验装置。

（2）XL3418 系列力 & 应变综合参数测试仪。

（3）游标卡尺、钢板尺。

三、实验实训原理与方法

根据平面假设和纵向纤维间无挤压的假设，可以得到纯弯曲梁横截面的正应力的理论计算公式：

$$\sigma = \frac{M \cdot y}{I} \tag{2.7}$$

式中 M——横截面弯矩；

I——横截面对形心主轴（即中性轴）的惯性矩；

y——所求应力点到中性轴的距离。

由式（2.7）可知沿横截面高度正应力按线性规律变化。

为了测量梁在纯弯曲时横截面上正应力的分布规律，在梁的纯弯曲段沿梁侧面不同高度，平行于轴线贴有应变片，如图 2.11 所示。

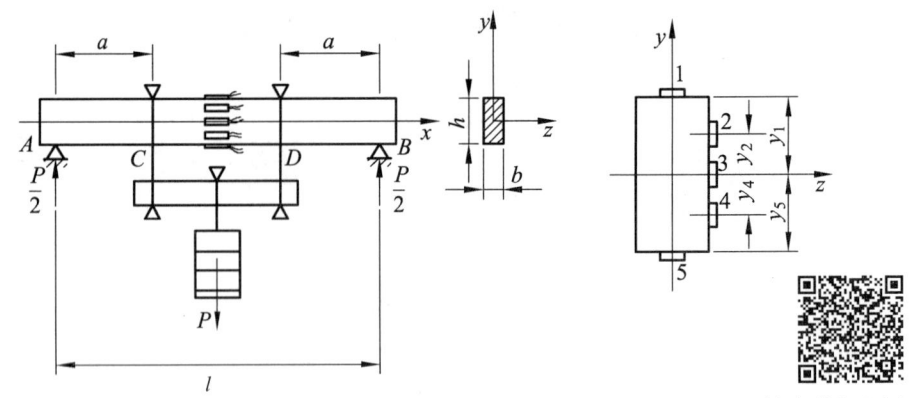

图 2.11 应变片在梁中的位置

纯弯曲梁测应力

实验采用半桥单臂、公共补偿、多点测量方法。加载采用增量法,即每增加等量的荷载 ΔP,测出各点的应变增量 $\Delta \varepsilon$,然后分别取各点应变增量的平均值 $\overline{\Delta \varepsilon_{i实}}$ 依次求出各点的应力增量:

$$\sigma_{i实} = E\overline{\Delta \varepsilon_{i实}} \quad (2.8)$$

式中 E——材料的弹性模量。

将实测应力值与理论应力值进行比较,以验证弯曲正应力公式。

四、实验实训步骤

(1)测定矩形截面梁的宽度 b 和厚度 h,荷载作用点到梁支点的距离 a 及各应变片到中性层的距离 y_i。

(2)拟订加载方案。先选取适当的初荷载 P_0(一般取 $P_0 = 10\% P_{max}$ 左右),估算 P_{max}(该实验荷载范围 $P_{max} \leq 4\ 000\ \text{N}$),分 4~6 级加载。

(3)根据加载方案,调整好实验加载装置。

(4)按实验要求接好线,调整好仪器,检查整个测试系统是否处于正常工作状态。

(5)加载。均匀缓慢加载至初荷载 P_0,记下各点应变的初始读数;然后分级等增量加载,每增加 1 级荷载,依次记录各点电阻应变片的应变值 ε,直到最终荷载。实验至少重复两次。

(6)实验完毕,卸掉荷载,关闭电源,整理好所用仪器设备,清理实验现场,将所用仪器设备复原,实验资料交指导教师检查签字。

五、实验实训结果处理

1. 实验值计算

根据测得的各点应变值 ε_i 求出应变增量平均值 $\overline{\Delta \varepsilon_i}$,代入胡克定律计算各点的实验应力值,因 $1\mu\varepsilon = 10^{-6}\varepsilon$,所以,各点实验应力计算:

$$\sigma_{i实} = E\varepsilon_{i实} = E\overline{\Delta \varepsilon_i} \times 10^{-6} \quad (2.9)$$

2. 理论值计算

各点理论值计算：

$$\sigma_{i理} = \frac{\Delta M \cdot y_i}{I_z} = \frac{\Delta P a \cdot y_i}{2 I_z} \tag{2.10}$$

3. 绘出实验应力值和理论应力值的分布图

分别以横坐标轴表示各测点的应力 $\sigma_{i实}$ 和 $\sigma_{i理}$，以纵坐标轴表示各测点距梁中性层位置 y_i，选用合适的比例绘出应力分布图。

六、思考题

（1）胡克定律是在轴向拉伸情况下建立的，为什么计算纯弯曲的实测正应力时，仍然可用？

（2）在梁的纯弯曲段内，电阻应变片粘贴位置稍左一点或稍右一点对测量结果有无影响？为什么？

（3）试分析影响实验结果的主要因素是什么？

任务五　简支梁纯弯曲部分挠度测定

一、实验实训目的

知识目标

通过本任务的学习，能理解百分表的读数原理，可以用电测法测定简支梁纯弯曲段跨中截面挠度大小，并与理论值进行比较，验证挠度与转角计算公式。

能力目标

通过本任务的学习，可以操作 XL3418 型材料力学多功能实验台，可以读取百分表数据并计算出简支梁纯弯曲段跨中截面上的挠度值。

素质目标

通过本任务的学习，培养一丝不苟、见微知著的工作作风。

二、实验实训设备与工具

（1）组合实验台中纯弯曲梁实验装置。

（2）XL3418 系列力&应变综合参数测试仪。

（3）游标卡尺、钢板尺。

测挠度时如何安装百分表

三、实验实训原理与方法

实验装置如图 2.12 所示。在梁两端对称截面处加载，梁的中点 C 处的线位移 y_C 可直接由该处的千分表测读。为测量梁端 B 截面处的转角，在该处用螺钉固结一长度为 e 的小竖直杆，在其杆端处安置一千分表。当梁变形时，小竖直杆的转角与梁端 B 截面的转角相等。所以由千分表测出的杆端 D 处的水平位移 δ，除以杆长，即为梁端截面 B 的转角 θ_B。转角如图 2.13 所示。

$$\theta_B \approx \tan \theta_B = \frac{\delta}{e} \tag{2.11}$$

实验在弹性范围内进行，采用等量增载法加载。

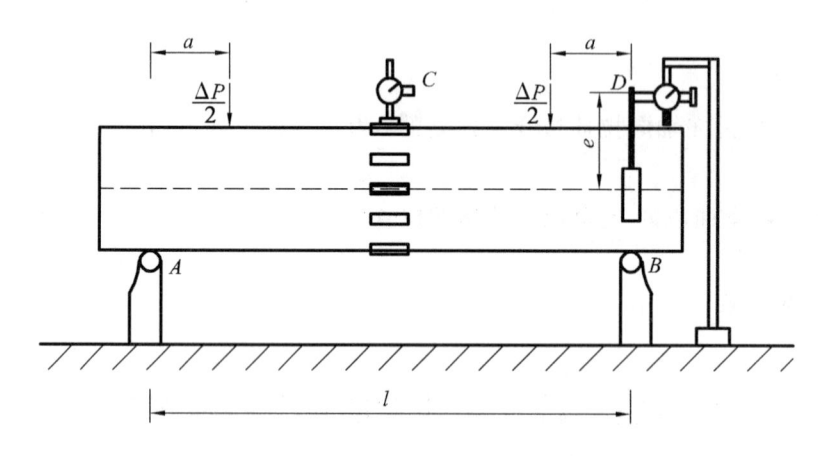

图 2.12　实验装置

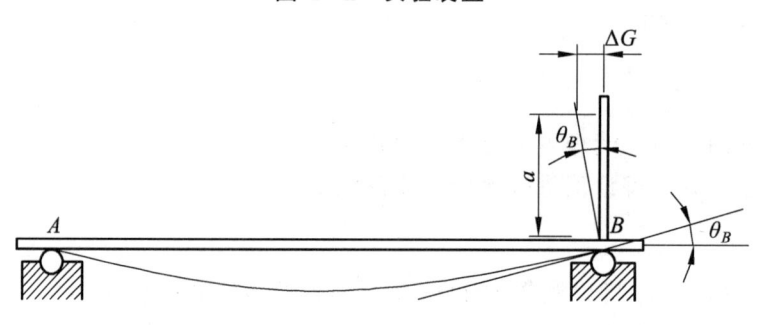

图 2.13　转　角

梁的中点 C 处线位移的理论计算公式为：

$$y_C = \frac{Pa}{48EI}(3l^2 - 4a^2) \tag{2.12}$$

梁端 B 截面转角的理论计算公式为：

$$\theta_B = \frac{Pa}{2EI}(l - a) \tag{2.13}$$

纯弯曲梁测挠度

四、实验实训步骤

（1）用游标卡尺测量梁的中间及两端的截面尺寸，取其平均值。

（2）将梁安装在支座上，用直尺测量其跨度作用点位置 a 及小竖直杆的高度 e。

（3）拟订加载方案。
（4）在指定位置安装千分表。
（5）组织加载、测读和记录人员，分工配合。
（6）实验测读。先加一初荷载，记录千分表初读数，以后逐级等量加载 ΔP。每增加一次荷载，记录一次两个千分表的读数，直到最终值为止。
（7）测量完毕，卸载，将机器（仪器）复原并清理场地。
（8）进行数据处理，填写实验报告。

五、思考题

（1）影响实验结果准确性的主要因素是什么？
（2）能否用本次实验装置测定材料的弹性模量 E？

第三章　选择、开发性实验实训

任务一　材料的弹性模量 E 和泊松比 μ 的测定

一、实验实训目的

知识目标

通过本任务的学习，能理解胡克定律，可以用电测法测定电测法测量低碳钢的弹性模量 E 和泊松比 μ，在弹性范围内验证胡克定律。

能力目标

通过本任务的学习，可以操作 XL3418 型材料力学多功能实验台，可以读取应变仪数据并计算出低碳钢的弹性模量 E 和泊松比 μ 值。

素质目标

通过本任务的学习，培养严谨作风、创新思维和开拓精神。

二、实验实训设备与工具

（1）组合实验台中拉伸装置。

（2）XL3418 系列力&应变综合参数测试仪。

（3）游标卡尺、钢板尺。

三、实验实训原理与方法

试件采用矩形截面试件，电阻应变片布片方式如图 3.1 所示。在试件中央截面上，沿前后两面的轴线方向分别对称地贴一对轴向应变片 R_1、R_1' 和一对横向应变片 R_2、R_2'，以测量轴向应变 ε 和横向应变 ε'。

1. 弹性模量 E 的测定

由于实验装置和安装初始状态的不稳定性，拉伸曲线的初始阶段往往是非线性的。为了尽可能减小测量误差，实验应从初荷载 P_0（$P_0 \neq 0$）开始，采用增量法，分级加载，分别测量在各相同荷载增量 ΔP 作用下，产生的应变增量 $\Delta \varepsilon$，并求出 $\Delta \varepsilon$ 的平均值。设试件初始横截面面积为 A_0，又因 $\varepsilon = \Delta l / l$，则增量法测 E 的计算公式为：

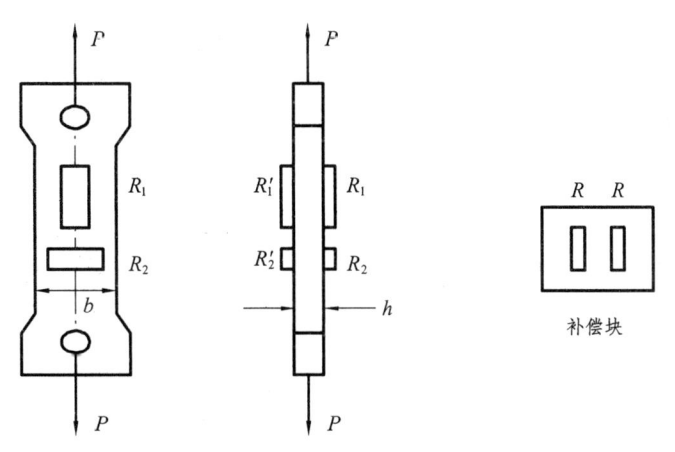

图 3.1 拉伸试件及布片方式

$$E = \frac{\Delta P}{\Delta \varepsilon A_0} \tag{3.1}$$

式中 ΔP——荷载增量，N；

A_0——试件截面面积，mm²；

$\Delta \varepsilon$——轴向应变增量的平均值。

用上述板试件测 E 时，合理地选择组桥方式可有效地提高测试灵敏度和实验效率。几种常见的组桥方式如图 3.2 所示。

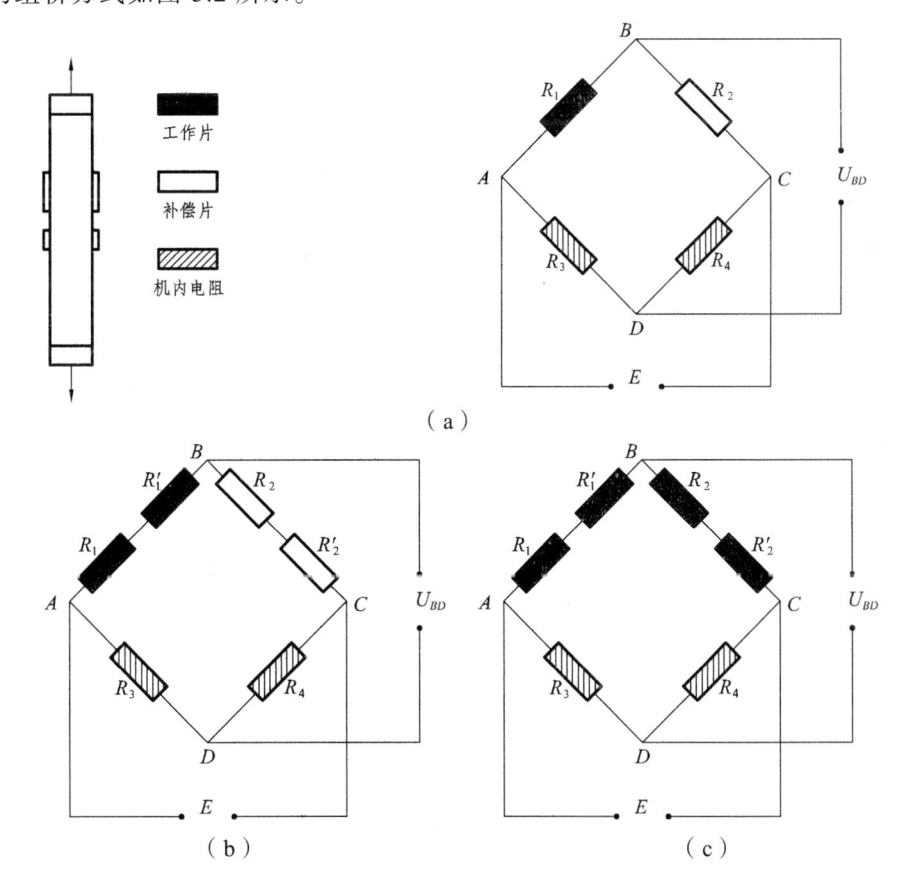

（a）

（b）　　　　　　　　　　　　　　　（c）

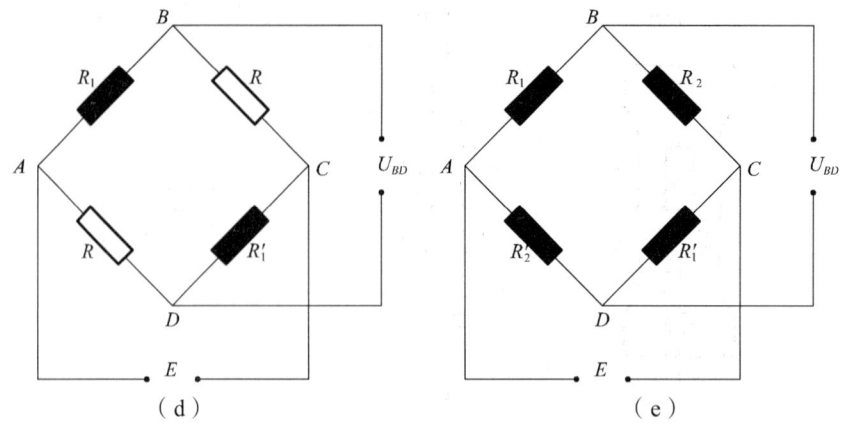

图 3.2 几种常见的组桥方式

实验时，在一定荷载条件下，分别对前、后两枚轴向应变片进行单片测量，并取其平均值 $\varepsilon = \dfrac{(\varepsilon_1 + \varepsilon_1')}{2}$。显然 $(\varepsilon_n + \varepsilon_0)$ 代表荷载 $(P_n + P_0)$ 作用下试件的实际应变量，而且 ε 消除了偏心弯曲引起的测量误差。

2. 泊松比 μ 的测定

利用试件上的横向应变片和纵向应变片合理组桥，为了尽可能减小测量误差，实验宜从初荷载 $P_0(P_0 \neq 0)$ 开始，采用增量法，分级加载，分别测量在各相同荷载增量 ΔP 作用下，横向应变增量 $\Delta \varepsilon'$ 和纵向应变增量 $\Delta \varepsilon$，求出平均值，按定义便可求得泊松比 μ：

$$\mu = \left| \dfrac{\overline{\Delta \varepsilon'}}{\overline{\Delta \varepsilon}} \right| \qquad (3.2)$$

四、实验实训步骤

（1）测量试件尺寸。在试件标距范围内，测量试件 3 个横截面尺寸，取 3 处横截面面积的平均值作为试件的横截面面积 A_0。

（2）拟订加载方案。先选取适当的初荷载 P_0（一般取 $P_0 = 10\% P_{\max}$ 左右），估算 $P_{\max}$（该实验荷载范围 $P_{\max} \leqslant 5\,000 \text{ N}$），分 4~6 级加载。

（3）根据加载方案，调整好实验加载装置。

（4）按实验要求接好线［为提高测试精度建议采用图 2.15（d）所示的相对桥臂测量方法］，调整好仪器，检查整个测试系统是否处于正常工作状态。

（5）加载。均匀缓慢加载至初荷载 P_0，记下各点应变的初始读数；然后分级等增量加载，每增加 1 级荷载，依次记录各点电阻应变片的应变值，直到最终荷载。实验至少重复两次。

（6）实验完毕，卸掉荷载，关闭电源，整理好所用仪器设备，清理实验现场，将所用仪器设备复原，实验资料交指导教师检查签字。

五、思考题

（1）为何要用等量增量法测定弹性模量 E？

（2）实验时为什么要加初荷载？为什么不测 P_0 时的引伸仪读数？又为什么要严格控制终荷载的值？

任务二　材料在扭转时的力学性能检测

一、实验实训目的

知识目标

通过本任务的学习，能理解扭转变形概念，测定出铸铁的扭转强度极限 τ_b、低碳钢的扭转屈服极限 τ_s 及扭转强度极限 τ_b，观察比较两种材料扭转变形过程中的各种现象及其破坏形式，并对试件断口进行分析。

能力目标

通过本任务的学习，可以操作扭转试验机，能测出铸铁的扭转强度极限 τ_b、低碳钢材料的扭转屈服极限 τ_s 及扭转强度极限 τ_b，分析出两种特殊材料在扭转变形中的力学特性。

素质目标

通过本任务的学习，培养由点到面分析解决问题的能力。

二、实验实训设备与工具

（1）TNS-DW2 微机控制扭转试验机。
（2）刻度机。
（3）游标卡尺。

三、实验实训原理与方法

扭转破坏实验是材料力学实验最基本、最典型的实验之一。将试件两端夹持在扭转试验机夹头中。实验时，一个夹头固定不动，另一夹头绕轴转动，从而使试件产生扭转变形，同时，试件承受扭矩 M_n。从计算机可以采集相应的扭矩 M_n 和扭转角 ϕ，从而绘出 M_n-ϕ 曲线图。

对于低碳钢材料 M_n-ϕ 曲线有两种类型，如图 3.3 所示。

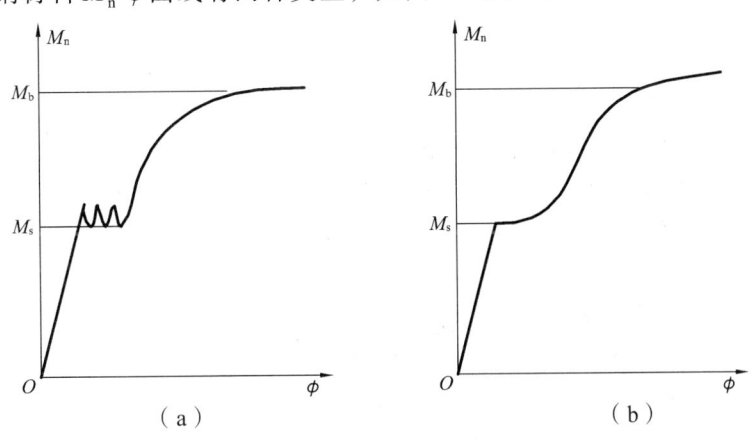

图 3.3　低碳钢的 M_n-ϕ 曲线

低碳钢试件在受扭的最初阶段，扭矩 M_n 与扭转角 ϕ 成正比关系，横截面上剪应力沿半径线性分布，如图 3.4（a）所示。随着扭矩 M_n 的增大，横截面边缘处的剪应力首先达到剪切屈服极限 τ_s，且塑性区逐渐向圆心扩展，形成环形塑性区，如图 3.4（b）所示。但中心部分仍是弹性的。试件继续变形，屈服从试件表层向中心部分扩展直到整个截面几乎都是塑性区，如图 3.4（c）所示。在 M_n-ϕ 曲线上出现屈服平台，参见图 3.3。由计算机上可读出相应的屈服扭矩 M_s。随后，材料进入强化阶段，变形增加，扭矩随之增加，直到试件破坏为止。因扭转无颈缩现象，所以，扭转曲线一直上升而无下降情况，试件破坏时的扭矩即为最大扭矩 M_b。扭转屈服极限 τ_s 及扭转强度极限 τ_b 分别为：

$$\tau_s = \frac{M_s}{W_p}, \qquad \tau_b = \frac{M_b}{W_p} \qquad (3.3)$$

式中，$W_p = \frac{\pi}{16}d^3$ 为试件抗扭截面模量。

扭转圆柱体动画

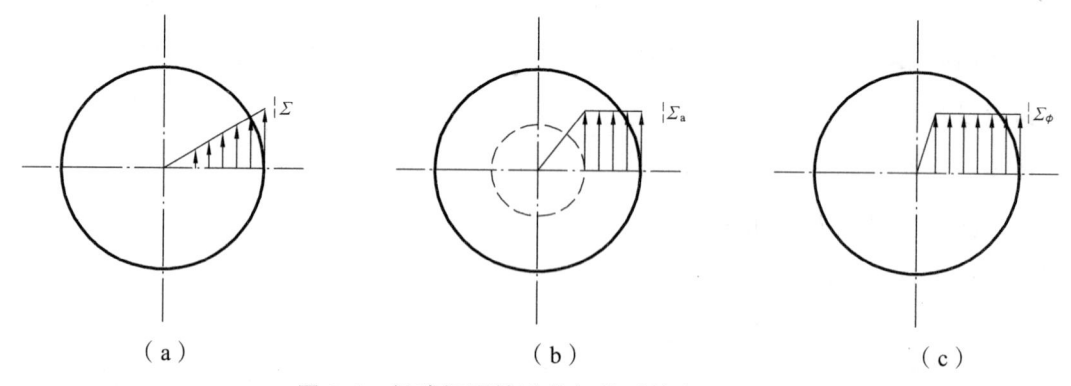

图 3.4　低碳钢圆轴试件扭转时的应力分布

铸铁受扭时，在很小的变形下发生破坏。图 3.5 为铸铁材料的扭转图。从扭转开始直到破坏为止，扭矩 M_n 与扭转角 ϕ 近似成正比关系，且变形很小。试件破坏时的扭矩即为最大扭矩 M_b，可根据式（3.4）计算出扭转强度极限 τ_b，即：

$$\tau_b = \frac{M_b}{W_p} \qquad (3.4)$$

试件受扭，材料处于纯剪切应力状态，如图 3.6 所示。在与杆轴成 $\pm 45°$ 角的螺旋面上，分别受到主应力为 $\sigma_1 = \tau$，$\sigma_3 = -\tau$ 的作用。

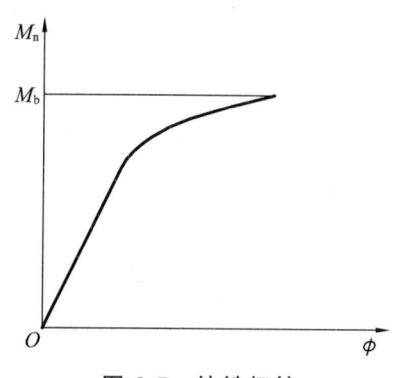

图 3.5　铸铁扭转

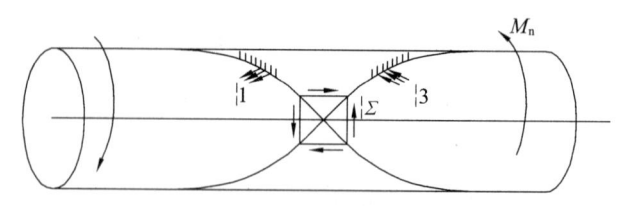

图 3.6　纯剪切状态

试件扭转破坏的断口形式如图 3.7 所示。低碳钢圆形试件的破坏断面与轴线垂直，如图 3.7（a）所示，显然是沿最大剪应力的作用面发生断裂，为剪应力作用而剪断，故低碳钢材料的抗剪能力低于抗拉（压）能力；铸铁圆形试件破坏断面与轴线成 45° 螺旋面，如图 3.7（b）所示，破坏断口垂直于最大拉应力 σ_1 方向，断面呈晶粒状，这是在正应力作用下形成的脆性断口，故铸铁材料是当最大拉应力首先达到其抗拉强度极限时，在该截面发生拉断破坏。

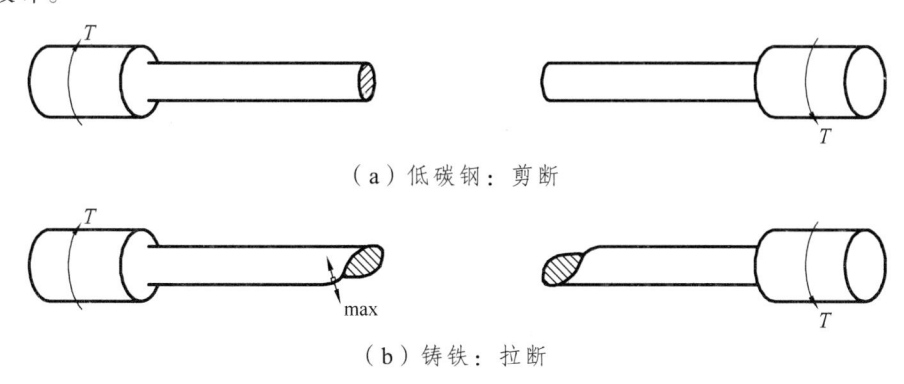

（a）低碳钢：剪断

（b）铸铁：拉断

图 3.7 扭转断口

四、实验实训试件制备

根据国家标准《金属材料 室温扭转试验方法》（GB/T 10128—2007）规定，扭转试件可采用圆形截面，也可采用薄壁管，对于圆形截面试件，采用直径 $d_0 = 10$ mm，标距 $L_0 = 50$ mm 或 100 mm，平行段长度 $L = L_0 + 2d_0$。本实验采用圆形截面试件，其形状及尺寸如图 3.8 所示。

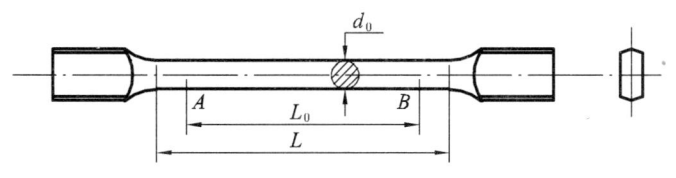

图 3.8 圆形截面扭转试件

五、实验实训步骤

（1）用游标卡尺测量试件直径，用刻度机在试件标距两端刻画圆周线，用粉笔沿轴线方向画一直线，待试验机准备好后装到试验机上。

（2）打开电源空气开关。

（3）打开计算机，进入扭转实验界面。

（4）打开（按下）手动控制盒上的伺服启动按钮，启动伺服控制系统。当在计算机上选择好试验速度时，按正、反转按钮可使主动夹头旋转（夹头逆时针旋转为正转，顺时针旋转为反转）。装夹好试样后即可进行试验。

（5）实验完毕，关闭电源，整理好所用仪器设备，清理实验现场，将所用仪器设备复原，实验资料交指导教师检查签字。

六、思考题

（1）根据拉伸、压缩和扭转 3 种实验结果，从荷载-变形曲线、强度指标及试件上一点的应力状态图和破坏断口等方面综合分析低碳钢与铸铁的机械性质。

（2）铸铁扭转破坏断口的倾斜方向与外加扭矩的方向有无直接关系？为什么？

任务三　弯扭组合构件主应力测定

一、实验实训目的

知识目标

通过本任务的学习，能理解组合变形概念，可以测定薄壁圆管在弯曲和扭转组合变形下，其表面某点处的主应力大小和方向。

能力目标

通过本任务的学习，可以操作 XL3418 型材料力学多功能实验台，掌握使用应变花测量某一点处主应力大小及方向的方法。将实验方法所测得的主应力的大小和方向与理论值进行比较和分析。

素质目标

通过本任务的学习，培养系统性及创新思维方式。

二、实验实训设备与工具

（1）组合实验台中弯扭组合实验装置。
（2）XL3418 系列力&应变综合参数测试仪。
（3）游标卡尺、钢板尺。

三、实验实训原理与方法

实验装置如图 3.9 及图 3.10 所示，根据材料力学中平面应力状态下的应变理论，对于空心轴表面上的任意一点的主应力和主应变已经有计算公式可利用。为了简化计算，实验中采用 45° 应变花，使其中 0° 应变计沿空心圆轴的轴线方向，贴片方位见图 3.10（b），由平面应力和应变分析可得到主应变、主方向的计算公式（3.5）和（3.6），利用广义胡克定律可求得主应力计算公式（3.7）。

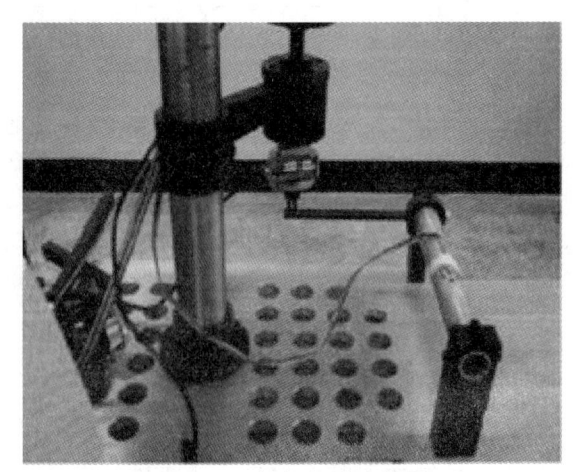

图 3.9　主应力测试装置

$$\left.\begin{array}{l}\varepsilon_1\\\varepsilon_2\end{array}\right\} = \frac{\varepsilon_{-45°} + \varepsilon_{45°}}{2} \pm \sqrt{\frac{1}{2}[(\varepsilon_{-45°} - \varepsilon_{0°})^2 + (\varepsilon_{0°} - \varepsilon_{45°})^2]} \quad (3.5)$$

$$\alpha = \frac{1}{2}\arctan\left(\frac{\varepsilon_{45°} - \varepsilon_{-45°}}{2\varepsilon_{0°} - \varepsilon_{-45°} - \varepsilon_{45°}}\right) \quad (3.6)$$

$$\left.\begin{aligned}\sigma_1 &= \frac{E}{1-\mu^2}(\varepsilon_1 + \mu\varepsilon_2) \\ \sigma_2 &= \frac{E}{1-\mu^2}(\varepsilon_2 + \mu\varepsilon_1)\end{aligned}\right\} \quad (3.7)$$

式中 ε_1、ε_2——主应变；

σ_1、σ_2——主应力；

μ——材料的泊松比；

E——材料的弹性模量；

α——主应力方向（也称主应变角）。

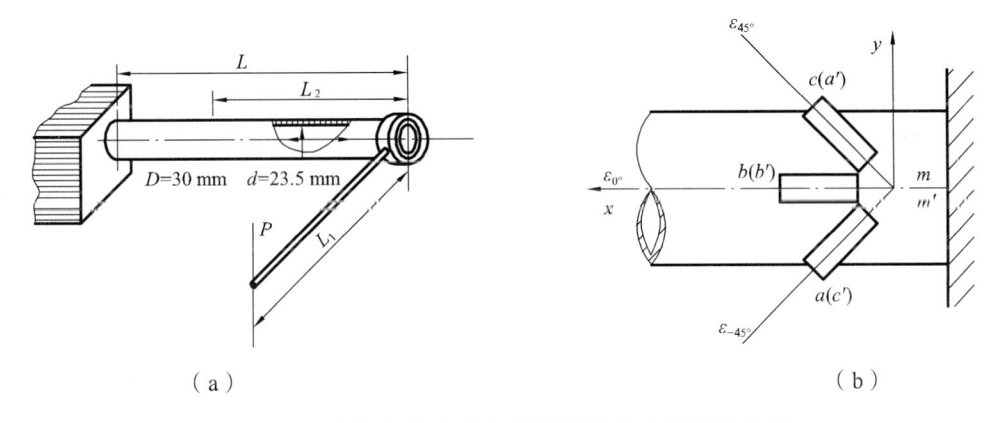

图 3.10 弯扭组合变形实验装置及应变花粘贴方案

四、实验实训步骤

（1）测量薄壁圆管试件的有关尺寸（内外直径 d、D；悬臂梁长度 L；自由端距测试点距离 L_2；加力点距悬臂端距离 L_1），材料的常数 E 和 μ 由实验室给出。

（2）采用多点半桥公共补偿法进行测量。将应变花的 3 个应变计和温度补偿片接到智能全数字式静态电阻应变仪相应接线柱上。

（3）检查接线无误后，打开智能全数字式静态电阻应变仪电源开关，设置好参数，预热应变仪 5 min 左右，测试前查看各应变仪、各通道是否平衡。

（4）实验采用手动加载，先对试件预加初荷载 100 N 左右，用以消除连接间隙初始因素的影响，按下应变仪面板上的"测量"按钮（调零）；然后分级递增相等的荷载 ΔP=20 N 进行实验加载，分 5 级加载，从 0 开始，再 20 N、40 N、60 N、80 N 直到 100 N 结束。每级加载后记录下应变仪上的读数。

（5）卸载，应变仪读数回到初始状态。

（6）重复实验不少于两次，并取其算术平均值。

五、实验实训结果处理

主应力的理论计算公式如下：

$$\sigma_1 = \frac{\sigma_W}{2} + \sqrt{\left(\frac{\sigma_W}{2}\right)^2 + \tau_T^2} \qquad (3.8)$$

$$\sigma_2 = \frac{\sigma_W}{2} - \sqrt{\left(\frac{\sigma_W}{2}\right)^2 + \tau_T^2} \qquad (3.9)$$

式中

$$\sigma_W = \frac{M_{EW}}{W_W} = \frac{P \cdot L_1}{\frac{\pi}{32}D^3(1-\alpha^4)} \qquad (3.10)$$

$$\tau_T = \frac{M_{ET}}{W_T} = \frac{P \cdot L_2}{\frac{\pi}{16}D^3(1-\alpha^4)} \qquad (3.11)$$

主应变的理论计算公式如下：

$$\alpha_{01} = \frac{1}{2}\arctan\frac{-2\tau_T}{\sigma_W} \qquad (3.12)$$

式中　　σ_W——由弯矩作用引起的应力；
　　　　M_{EW}——作用在测试点上的弯矩；
　　　　W_W——抗弯截面模量；
　　　　τ_T——由扭矩作用引起的应力；
　　　　M_{ET}——作用在测试点上的扭矩；
　　　　W_T——抗扭截面模量。

列表比较最大主应力的实测值和相应的理论值，算出相对误差，画出理论和实验的主应力和主方向的应力状态图。

任务四　偏心拉伸构件正应力测定

一、实验实训目的

知识目标

通过本任务的学习，能理解叠加原理，可以测定偏心拉伸时最大正应力，验证叠加原理的正确性。

能力目标

通过本任务的学习，可以操作 XL3418 型材料力学多功能实验台，分别测定偏心拉伸时由拉力和弯矩所产生的应力，测定偏心距，测定弹性模量 E。最后用叠加法计算出偏心拉伸时最大正应力。

素质目标

通过本任务的学习,培养团结互助、严肃谨慎的作风。

二、实验实训设备与工具

(1)组合实验台拉伸部件。
(2)XL3418系列力 & 应变综合参数测试仪。
(3)游标卡尺、钢板尺。

三、实验实训原理与方法

偏心拉伸试件,在外荷载作用下,其轴力 $N=P$,弯矩 $M=P \cdot e$,其中 e 为偏心距。根据叠加原理,得横截面上的应力为单向应力状态,其理论计算公式为拉伸应力和弯矩正应力的代数和。即:

$$\sigma = \frac{P}{A} \pm \frac{6M}{bh^2} \tag{3.13}$$

偏心拉伸试件及应变片的布置方法如图 3.11 所示,R_1 和 R_2 分别为试件两侧上的两个对称点,则:

$$\varepsilon_1 = \varepsilon_P + \varepsilon_M, \quad \varepsilon_2 = \varepsilon_P - \varepsilon_M \tag{3.14}$$

式中 ε_P ——轴力引起的拉伸应变;

ε_M ——弯矩引起的应变。

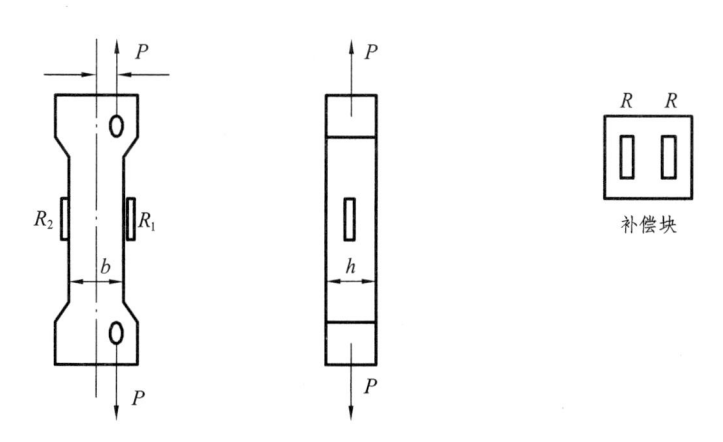

图 3.11 偏心拉伸试件及应变片的布置方法

根据桥路原理,采用不同的组桥方式,即可分别测出与轴向力及弯矩有关的应变值。从而进一步求得弹性模量 E、偏心距 e、最大正应力和分别由轴力、弯矩产生的应力。

可直接采用半桥单臂方式测出 R_1 和 R_2 受力产生的应变值 ε_1 和 ε_2,通过上述两式算出轴力引起的拉伸应变 ε_P 和弯矩引起的应变 ε_M;也可采用邻臂桥路接法直接测出弯矩引起的应

变 ε_M，采用此接桥方式不需温度补偿片，接线如图 3.12（a）所示；采用对臂桥路接法可直接测出轴向力引起的应变 ε_P，采用此接桥方式需加温度补偿片，接线如图 3.12（b）所示。

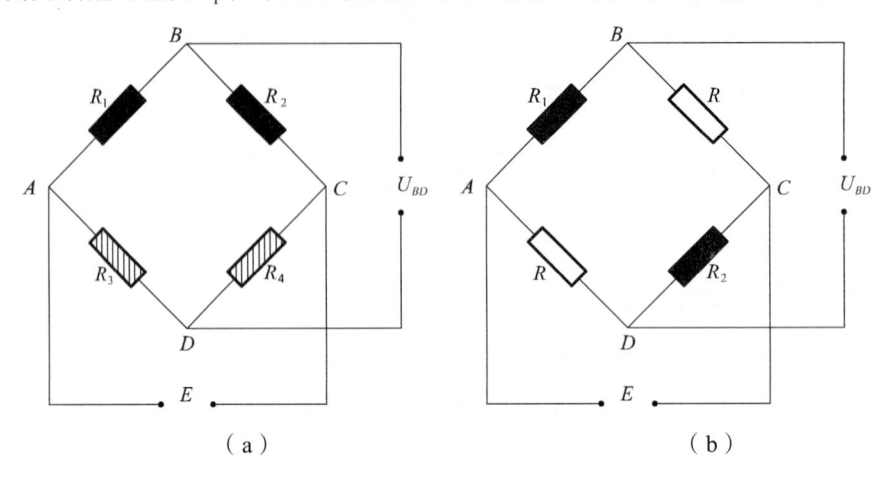

图 3.12 接线图

四、实验实训步骤

（1）测量试件尺寸。在试件标距范围内，测量试件 3 个横截面尺寸，取 3 处横截面面积的平均值作为试件的横截面面积 A_0。

（2）拟订加载方案。先选取适当的初荷载 P_0（一般取 $P_0 = 10\% P_{max}$ 左右），估算 P_{max}（该实验荷载范围 $P_{max} \leq 5\,000$ N），分 4~6 级加载。

（3）根据加载方案，调整好实验加载装置。

（4）按实验要求接好线，调整好仪器，检查整个测试系统是否处于正常工作状态。

（5）加载。均匀缓慢加载至初荷载 P_0，记下各点应变的初始读数；然后分级等增量加载，每增加 1 级荷载，依次记录应变值 ε_P 和 ε_M，直到最终荷载。实验至少重复两次。

（6）实验完毕，卸掉荷载，关闭电源，整理好所用仪器设备，清理实验现场，将所用仪器设备复原，实验资料交指导教师检查签字。

五、思考题

（1）分别画出 1/4 桥、半桥和全桥的接线图。

（2）写出测试目标 E、e 与电阻应变仪读数应变间的关系式。

任务五　复合梁弯曲正应力测定

一、实验实训目的

知识目标

通过本任务的学习，能理解叠梁概念，可以用电测法测定叠梁横截面上的应变、应力分布情况。

能力目标

通过本任务的学习,可以操作 XL3418 型材料力学多功能实验台,掌握建立力学模型,测定叠梁横截面上的应变、应力分布情况,推导不同材料梁弯曲正应力等综合能力。

素质目标

通过本任务的学习,培养整体与局部思考问题模式。

二、实验实训设备与工具

(1)材料力学组合实验台中叠梁(钢-铝)实验装置与部件。
(2)XL3418 系列力 & 应变综合参数测试仪。
(3)游标卡尺、钢板尺。

三、实验实训原理与方法

在如图 3.13(a)所示的叠梁为钢-铝复合梁,采用胶粘接形式,叠梁胶粘以后可以认为仍是一个矩形截面梁,在纯弯曲条件下,根据平面假设和纵向纤维间无挤压的假设,可得到梁横截面上任一点的正应力,理论计算公式为:

$$\sigma = \frac{kMy}{I_z} \tag{3.15}$$

式中 M——弯矩;
I_z——横截面对中性轴的惯性矩;
y——所求应力点至新中性轴的距离;
k——弹性模量比,$k = E_2 / E_1$。

在梁的某一横截面沿梁的高度分布 8 个电阻应变片,贴片位置见图 3.13(b)。

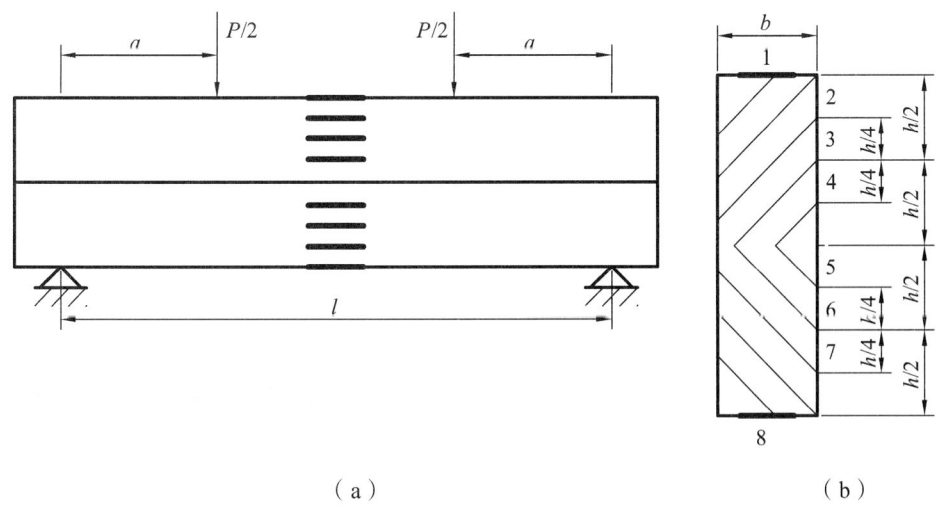

(a)   (b)

图 3.13 实验图示

电阻应变片纵向方向与梁的轴线方向一致；梁受荷载作用时，梁产生弯曲变形，实验可采用半桥单臂、公共补偿、多点测量方法。加载采用增量法，即每增加等量的荷载 ΔP，测出各点的应变增量 $\Delta \varepsilon$，然后分别取各点应变增量的平均值 $\overline{\Delta \varepsilon_{i实}}$，依次求出各点的应变增量，利用胡克定律：

$$\sigma_{i实} = E\Delta\varepsilon_{i实} \tag{3.16}$$

求出各测点的应力值。

四、实验实训步骤

（1）测量矩形截面梁的宽度 b 和高度 h、荷载作用点到梁支点距离 a 及各应变片到中性层的距离 y_i。

（2）拟订加载方案。先选取适当的初荷载 P_0（一般取 $P_0 = 300$ N 左右），估算 P_{max}（该实验荷载范围 $P_{max} \leq 2\,000$ N），分 4~6 级加载。

（3）根据加载方案，调整好实验加载装置。

（4）按实验要求接好线，调整好仪器，检查整个测试系统是否处于正常工作状态。

（5）加载。均匀缓慢加载至初荷载 P_0，记下各点应变的初始读数；然后分级，等增量加载，每增加 1 级荷载，依次记录各点电阻应变片的应变值 ε_i，直到最终荷载。实验至少重复两次。

（6）实验完毕，卸掉荷载，关闭电源，整理好所用仪器设备，清理实验现场，将所用仪器设备复原，实验资料交指导教师检查签字。

五、实验实训结果处理

1. 实验值计算

根据测得的各点应变值 ε_i 求出应变增量平均值 $\overline{\Delta \varepsilon_i}$，代入胡克定律计算各点的实验应力值，因 $1\mu\varepsilon = 10^{-6}\varepsilon$，所以各点实验应力计算：

$$\sigma_{i实} = E\varepsilon_{i实} = E \times \overline{\Delta\varepsilon_i} \times 10^{-6} \tag{3.17}$$

2. 理论值计算

各点理论值计算：

$$\sigma_{i理} = \frac{k\Delta M \cdot y_i}{I_z} \tag{3.18}$$

3. 绘出实验应力值和理论应力值的分布图

分别以横坐标轴表示各测点的应力 $\sigma_{i实}$ 和 $\sigma_{i理}$，以纵坐标轴表示各测点距梁中性层位置 y_i，选用合适的比例绘出应力分布图。

4. 实验值与理论值的比较

第四章 实验实训设备及测试原理

一、WDW-100E 微机控制电子式万能试验机

该机广泛用于金属和非金属的拉、压、弯等力学性能试验，适用于质量监督、教学科研、航空航天、钢铁冶金、汽车、橡胶塑料、编织材料等各种试验领域。机器的外形如图 4.1 所示。

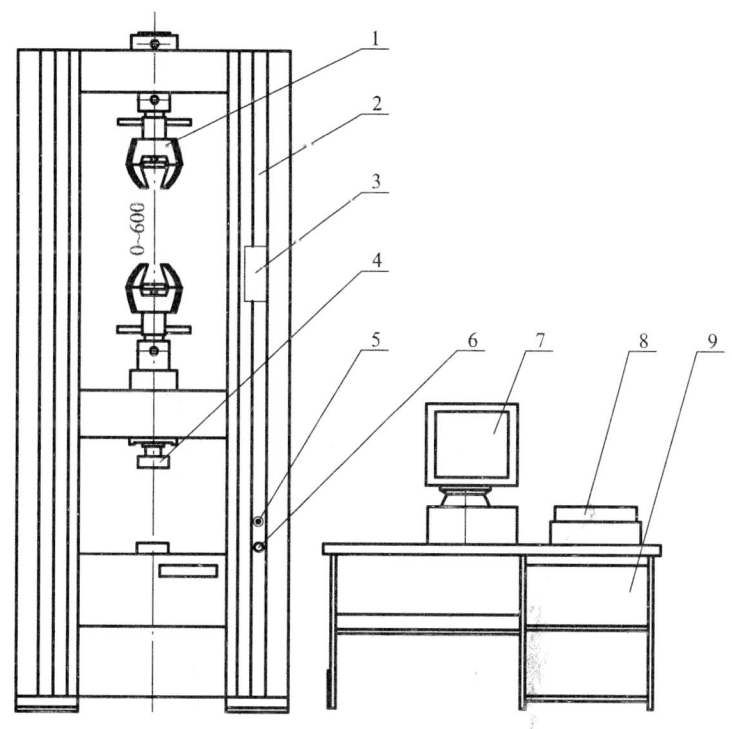

1—拉伸辅具；2—主机；3—遥控盒；4—压缩辅具；5—电源指示灯；
6—急停开关；7—显示器；8—打印机；9—计算机桌。

图 4.1 外 形

该试验机由 3 部分组成：
（1）加力部分：主机与辅具构成试验机的加力框架。
（2）测力部分：主机工作台下的交流伺服电机、交流伺服系统、减速系统构成动力驱动系统。
（3）处理部分：插卡式控制器、PC 机和打印机构成试验机的控制与数据处理及打印系统。

（一）工作原理

主机的结构图如图4.2所示。主机部共由7部分组成：导向立柱3、上横梁1、中横梁2、工作台4组成落地式框架，调速系统7安装在工作台下部。交流伺服电机6通过同步齿形带减速系统带动滚珠丝杠副5旋转，滚珠丝杠副5驱动中横梁2，带动拉伸辅具（或压缩、弯曲等辅具）上下移动，实现试样的加荷与卸载。该结构保证机架有足够的刚度，同时实现高效、平稳传动。丝杠与丝母之间有消除间隙结构，提高了整机的传动精度。

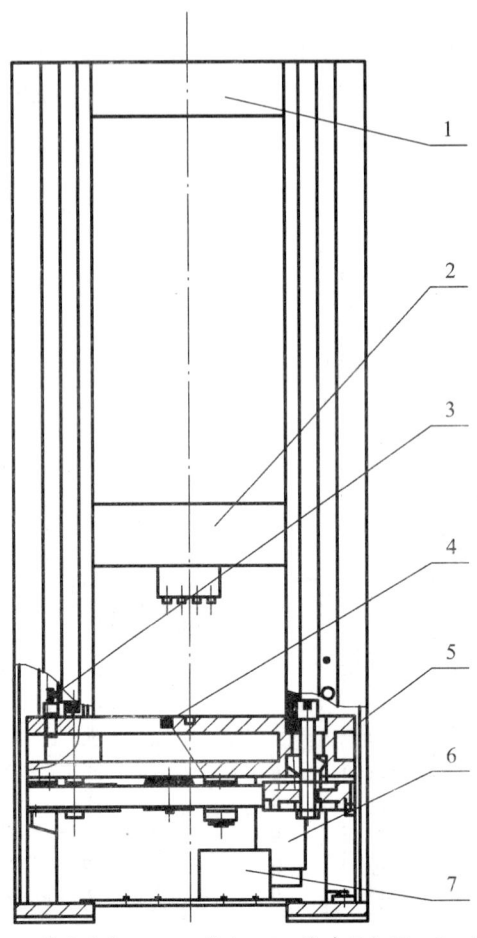

1—上横梁；2—中横梁；3—导向立柱；4—工作台；5—滚珠丝杠副；6—伺服电机；7—调速系统。

图4.2 主机结构图

拉伸试验在上横梁和中横梁之间完成，压缩、弯曲试验在中横梁和工作台之间完成。

（二）操作步骤（以拉伸实验为例）

（1）测量试件尺寸。

（2）启动总电源开关。打开计算机主机、显示器的电源开关。打开变压器的空气开关到ON状态，点按遥控盒上的"启动"按钮，给伺服系统通电。双击计算机主界面上的实验软件图标，进入工作界面。

（3）根据夹具体上旋转方向提示，先用上夹头夹紧试样上端。在计算机选择横梁移动速度为 50 mm/min，按遥控盒上的"上升"或"下降"按键调整中横梁位置，使下夹头处于刚好适合夹持试样下端的位置。调整试验力零点，夹紧下夹头。试样一经夹持，计算机就显示有了微小的初荷载，如果需要，此时可通过遥控盒或计算机鼠标选择低速进一步调整中横梁位置，使计算机上力值显示为零。如只是进行粗略试验，则不需调零而直接进行试验。

（4）如果需要检测试样变形，将引伸计在试样上通过橡皮条装夹好，取下调整垫片。调整好试样变形显示的零点。

（5）选择合适的自动控制试验程序或手动操作，控制横梁下行。

（6）如果是带引伸计做试验，则应该在试样断裂前取下引伸计，以防止引伸计损坏。

（7）试验完成后，试验机自动停机，用户应进入数据分析界面进行试验数据处理。

（8）根据夹具体上旋转方向提示，旋转手柄，松开并移去试样。

（9）将处理结果打印或存盘，至此就完成了一个完整的试验。

（10）全部试验完毕后切断电源。切断电源顺序为：把空气开关打到 OFF 状态，然后退出计算机应用软件，关闭计算机，切断计算机电源，切断总电源。

（三）注意事项

（1）启动试验机前，一定要检查安装在左后外罩上的限位开关位置，使之处于满足试验行程要求，确保上、下夹具至少相距 10 cm。

（2）拉伸附具的手柄旋转方向已在夹具体上标明。在更换钳口时，注意把钳口上的圆销放入夹具体后面的导向槽里，且前面的挡片要放正，避免卡死钳口。更换完毕后，用手应能移动钳口。

（3）放置试样时，一定要把试样放入钳口长度的 2/3 以上，以便有效夹持和保护钳口。图 4.3 为夹持示意图。

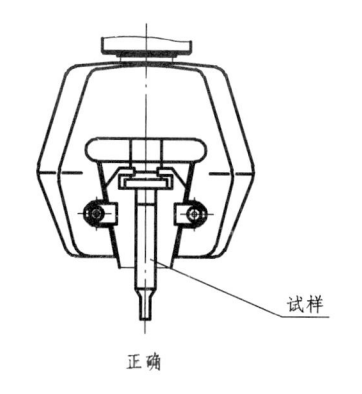

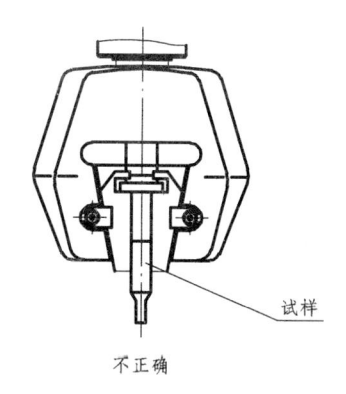

图 4.3　试样夹持

（4）装夹引申计时注意放置调整垫片，且要轻拿轻放，保护引伸计刀口。严禁扯拉导线。试验过程中，应根据软件提示立即取下引伸计，以防止引伸计变形和试样断裂时震坏引伸计。

（5）如果试验过程中出现超载，请先切断电源后重新通电，并注意断电与通电顺序。断电时，要先切断动力电源，然后退出计算机应用软件，最后关闭计算机电源。

（6）开始试验前，一定要接好试验机的接地保护线。

二、WEW-600C 微机屏显式液压万能试验机

本试验机是 WE-600C 液压式万能试验机经技术改进后的换代产品,其设计和制造依据《电液伺服万能试验机》(GB/T 16826—2023)。

图 4.4 为 WEW-600C 试验机主机结构。

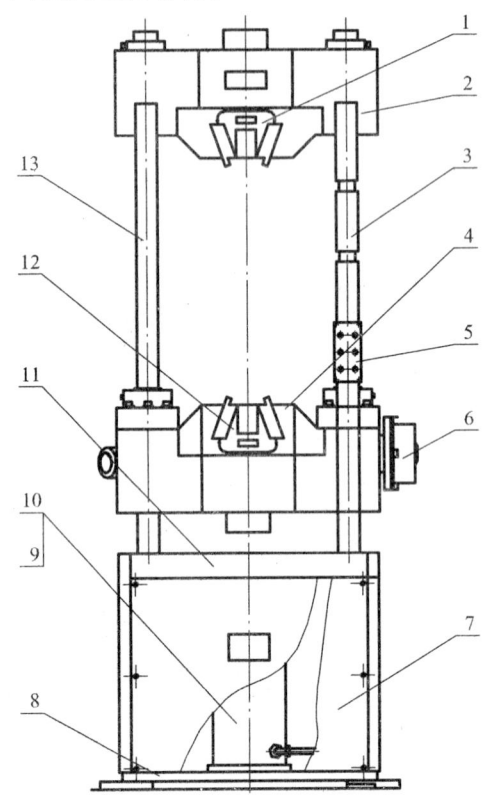

1—上钳口座；2—上横梁；3—立柱；4—下横梁；5—按钮盒；6—升降电机；7—底座罩板；8—底座；
9—活塞；10—油缸；11—工作台；12—下钳口座；13—丝杠。

图 4.4 主机结构

（一）工作原理

接通电源,试验机开始工作。液压系统内电机旋转,带动油泵工作,排出具有能量的高压油。经过控制柜进入工作油缸,推动工作活塞上升顶起工作台,工作台通过立柱带动上横梁上升。下横梁的升降由升降电机完成。

底座通过油缸与活塞连成一体,下钳口座通过丝杠与底座连成一体。

当工作台上升时,上钳口座与下钳口座之间距离越来越大,在此空间进行试样的拉伸试验。而在下横梁与工作台之间距离越来越小,可以进行试样的压缩或弯曲、剪切试验。

在对试样加荷的同时,装在液压系统内的液压传感器可以把液压系统压力变化的信号传给微机系统。试样在拉伸过程中通过引伸计把伸长信号传给微机系统,这样,通过微机系统对压力、变形信号的采集、放大,可以在计算机屏幕上显示出试样瞬时受到的力和产生的变形。同时,进行储存和数据处理,通过打印机将试验结果和试验曲线打印出来。

（二）操作步骤

以下是以拉伸试验作为典型试验而进行的操作步骤，压缩、弯曲和剪切试验可以参照拉伸试验的操作步骤。

（1）接好电源线，按"电源开"按钮，指示灯亮。

（2）根据试样，选用测量范围。

（3）根据试样形状及尺寸，把相应的钳口装入上下钳口座内。

（4）开动油泵拧开送油阀使试台上升 10 mm，然后关闭送油阀，如果试台已在升起位置时，则不必先开动油泵送油。

（5）按动钳口夹紧按钮，将试样的一端夹在上钳口中（必须给电磁阀送电）。

（6）调整试验力显示为"零"。

（7）开动电动机，将下钳口升降到适当高度，将试件另一端夹在下钳口中（须注意使试样垂直）。

（8）在试样上安装引伸计（注意：引伸计一定要夹持好！）调整变形显示为"零"。

（9）按试验要求的加荷速度，缓慢地拧开送油阀进行加荷试验（加荷时电磁阀应在无电状态）。根据需要，在特征点出现后取下引伸计。

（10）试样断裂后，关闭送油阀，并停止油缸工作。取下断裂后的试样。打开回油阀卸荷后，试验力回零点。

（三）注意事项

（1）如果正在试验过程中，油泵突然停止工作，此时应将所加负荷卸掉，检查后重新开动油泵，不应在高压下启动油泵或检查事故原因。

（2）如果在试验机工作时，电器发生失灵，启动或停止按钮不起作用时，应立即切断电源，使试验机停止运转。

（3）为防止试样在断裂、破碎后落入楔形块滑动面或飞出造成事故，可自制厚 3 mm 的橡胶保护板。

（4）使用时应注意下钳口座楔形块两侧压板螺栓是否松动，应随时紧固，防止压块等飞出造成事故。

（5）做拉伸试验时，先开动油泵打开送油阀，使工作活塞升起一小段距离，然后关闭送油阀。将试样一端夹于上钳口；使试验力为零，再调整下钳口，夹持试样下端，安好引伸计，即可开始试验。夹持时，应按钳口所刻的尺寸范围夹持试样。试样应该夹在钳口的全长上，两块钳口位置必须一致，如图 4.5 所示。

正确夹持　　　　　　不正确夹持

图 4.5　试样夹持

三、微机屏显式液压式压力试验机

本试验机采用液压加荷，油压传感器测力，微机屏幕显示试验数据及曲线，操作简便，试验数据准确可靠。

主要适用于建材、科研单位、大专院校、质量检测中心和商品检测等部门等，主要用于测定水泥、混凝土、砖及其他建筑材料的抗压强度，亦可用于金属材料的抗压强度试验。

其设计和制造的依据是《液压式压力试验机》(GB/T 3722—92)。

（一）工作原理

微机屏显式液压压力试验机由主机和油源控制柜及计算机组成，图4.6为试验机主机结构。

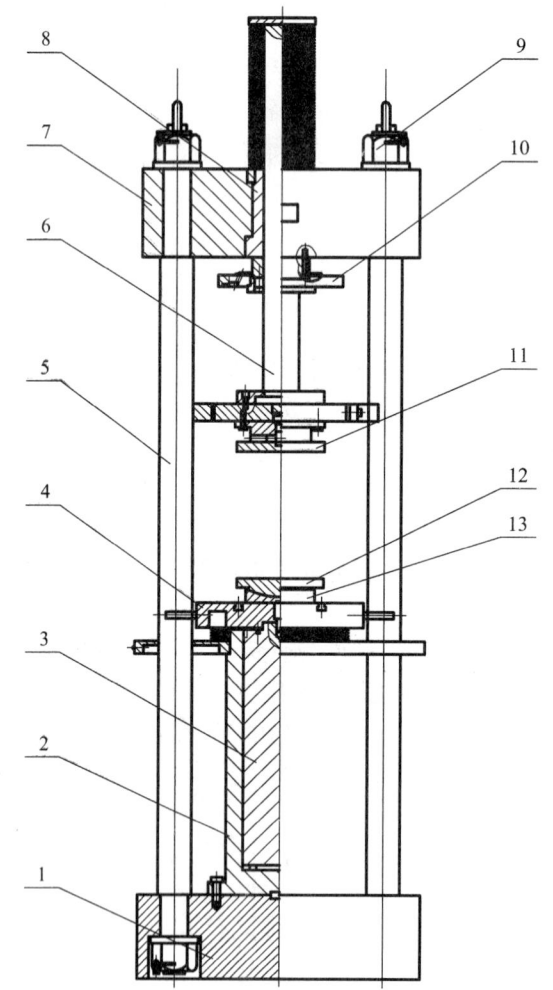

1—底座；2—油缸；3—活塞；4—工作台；5—立柱；6—螺杆；
7—横梁；8—螺母；9—螺帽；10—转动手轮
11—上压盘；12—下压盘；13—球面座。

图 4.6 主机结构

送油阀也称调速阀,当手把关闭时,油泵过来的高压油作用于阀芯右端,克服弹簧力,使阀芯右移,回到油箱。当手把打开反时针旋转,可精确调整到工作油缸的进油量,控制试样的施加试验力速率。

液压源为试验机提供高压油,使主机上的工作活塞按一定的速度上升,实现对试样的加载。液压源与控制阀、工作油缸(活塞)通过管路连接成液压系统。液压源放置于控制柜的内部。

(二)操作步骤

(1)接好电源线,按"电源"按钮,电源指示灯亮。

(2)开动油泵拧开送油阀,使试台上升5~10 mm,然后关闭送油阀,如果活塞已在升起位置时,则不必先开动油泵送油。

(3)将试样放于压盘上。开动油泵调整试验力显示为"零"。

(4)转动带动螺杆的手轮,使上压盘下降至与试样即将接触。按施加试验力速度调整送油阀的送油量进行试验。

(5)试样破损后,关闭送油阀,并停止油缸工作。打开回油阀卸荷后,将试验力回零。

(三)注意事项

(1)如果正在试验过程中,油泵突然停止工作,此时应将所加试验力卸掉,检查后,重新开动油泵,不应在高压下启动油泵或检查事故原因。

(2)如果在试验状态,电器发生失灵,启动或停止按钮不起作用时,应立即切断电源,检查事故原因。

(3)每次试验,活塞不宜落到油缸底,稍留一点距离以利下次使用。

(4)试验机暂停使用时应将油泵电动机关闭。

四、TNS-DW2 微机控制扭转试验机

该机适应于金属、非金属及复合材料的扭转试验,可测扭矩和扭角值(增加相应的附件后可对零部件和构件进行抗扭试验和切变模量 G 的试验)。本机符合《金属材料 室温扭转试验方法》(GB/T 10128—2007)的试验要求。全部试验操作可在试验机上通过试验软件完成。实现试验数据的自动采集、存储、处理和显示,试验结果可由打印机输出。

(一)工作原理

本机由机械、电气、计算机3部分组成,如图4.7所示。

被动夹头装在扭矩传感器上,可随直线导轨移动。扭转试样装在两夹头间,伺服电机带动减速器转动使主动夹头旋转。有手动、自动两种加载试验方法。

电气部分由拖动系统和测量控制部分组成,计算机实现各种控制、显示、数据采集处理、曲线的绘制、试验结果储存、实时显示试验曲线等。

图4.8为主机结构。

图 4.7 扭转机外观

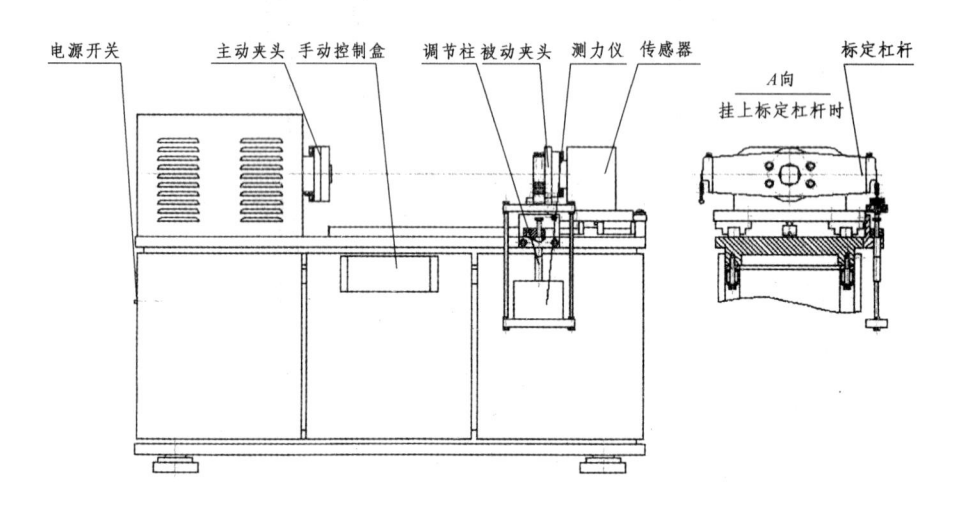

图 4.8 主机结构

（二）操作步骤

（1）打开电源空气开关。

（2）打开计算机，进入扭转试验界面。

（3）打开（按下）手动控制盒上的伺服启动按钮，启动伺服控制系统。当在计算机上选择好试验速度时，按正、反转按钮可使主动夹头旋转（夹头逆时针旋转为正转，顺时针旋转为反转）。夹装好试样后即可进行试验。

（三）注意事项

（1）当试验过程出现异常时，可按下红色急停按钮停止运行，顺时针旋转急停按钮，急停解除，卸载后取下试样。

（2）当使用扭转计时，应在断电时安装和拆卸，应特别注意扭转计的允许扭转方向，试验时只允许扭转计刀口距离增大（反转），避免破坏。

五、XL3418 型材料力学多功能实验台

（一）产品介绍

（1）用途。本产品主要用于理工科院校作材料力学电测实验用的装置，它是将多种材料力学实验集中到一个实验台上进行，使用时稍加变动，即可进行教学大纲规定内容的多项实验。

（2）特点。实验装置采用蜗杆机构以螺旋千斤顶进行加载，经传感器由力&应变综合参数测试仪测力部分测出力的大小；各试件受力变形，通过应变片由力&应变综合参数测试仪测应变部分显示应变值。该实验台整机结构紧凑，加载稳定、操作省力，实验效果好，易于学生自己动手。本设备还可根据需要增设其他实验，仪器配有计算机接口实验数据可由计算机处理。

（3）结构。本产品的框架设计采用封闭型钢及铸件组成，表面经过细致处理，结构紧固耐用；每项实验均配有表面进行处理的试件和附件，并配有小实验桌，桌面用于摆放仪器，中间隔板用于摆放试件和附件。

（二）产品功能

（1）可进行纯弯曲梁横截面上正应力的分布规律实验。

（2）电阻应变片灵敏系数的标定。

（3）材料弹性模量 E、泊松比 μ 的测定。

（4）偏心拉伸实验。

（5）弯扭组合受力分析。

（6）悬臂梁实验。

（7）压杆稳定实验。

（三）实验项目说明

本实验装置是用于高等工科院校作材料力学电测法实验的主机，配套使用的仪器设备还有：拉压力传感器、力&应变综合测试仪、电阻应变片、连接导线等。力&应变综合参数测试仪配有计算机接口，实验数据可由计算机进行处理。

电测法的基本原理：用电阻应变片测定构件表面的线应变，再根据应变-应力关系确定构件表面应力状态的一种应力分析实验方法。应力-应变电阻法，不仅用于验证材料力学的基本理论，测量材料的机械性能，而且作为一种主要的工程测试手段，为解决工程实际问题及从事科学研究提供了良好的实验基础。学生通过动手操作掌握电测基本方法，不仅巩固了所学的材料力学的知识，更重要的是增强了日后工作中解决实际问题的能力。

1. 纯弯曲梁横截面上的正应力的分布规律实验

其装置如图 4.9（a）所示，该装置附有弯曲梁两根，高度为 25 mm 的一根用于电阻应

变片灵敏系数的标定实验，如图 4.9（b）所示；另一根高度为 40 mm 的用于纯弯曲梁正应力分布规律的实验，如图 4.9（c）所示。弯曲变形是材料力学课程中重要的环节，材料力学中纯弯曲正应力分布规律实验，很多教学单位在万能材料实验机上进行，实验很不方便，利用我们这套设备，可以很方便正确地测定纯弯曲梁的正应力分布规律。

根据材料力学中弯曲梁的平面假设，沿着梁横截面高度的正应力分布规律应当是直线，为了验证这一假设，我们在梁的纯弯曲段内粘贴 5~6 个电阻应变片，1#、5# 在梁的上、下表面，3# 片在中性层处。1#、2#、4#、5# 片距离中性层的距离如图 4.9（d）所示，加载时由应变仪测出读数即可知道沿着横截面高度的正应力分布规律。

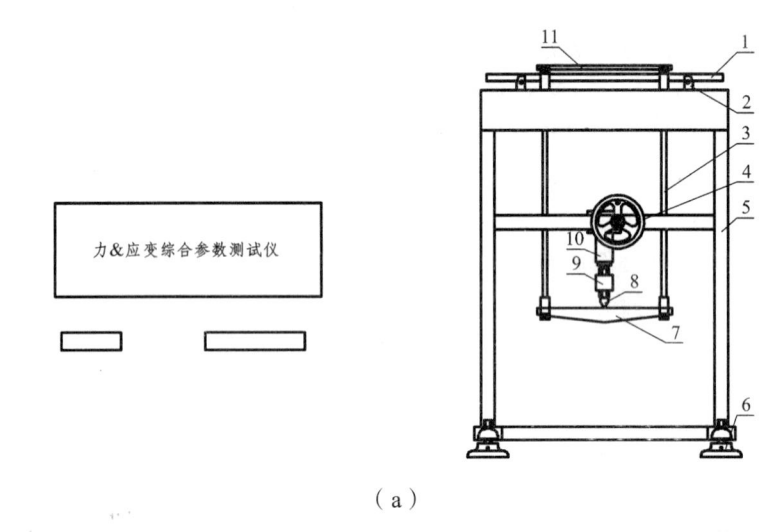

1—弯曲梁；2—支座；3—加载杆；4—手轮；5—实验台后片架；6—可调节底盘；
7—承力下梁；8—压头；9—传感器；10—蜗杆升降机构；11—定位标尺。

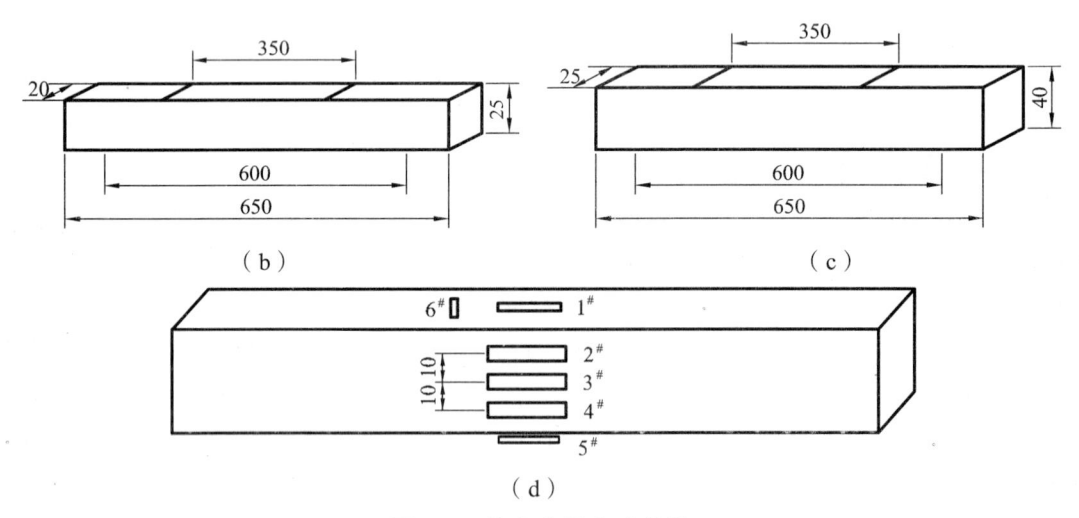

图 4.9 纯弯曲梁实验装置

材料力学中还假设梁的纯弯曲段是单向应力状态，为此可在梁上（或下）表面横向粘贴 6# 应变片，可测出 $\varepsilon_{横}$，根据

$$\varepsilon_横/\varepsilon_纵 = \mu \qquad (4.1)$$

式中 μ——梁材料的泊松比。

可由（$\varepsilon_横/\varepsilon_纵$）计算得到 μ，从而验证梁弯曲时近似于单向应力状态。

本实验荷载范围：0~4 kN 试件 E = 190~210 GPa，μ = 0.26~0.33

利用该装置，支块上放置叠梁（如钢和铝），还可进行组合梁实验。

2. 电阻应变片灵敏系数的标定（见第三章实验五）

3. 材料弹性常数 E，μ 的测定

（1）实验目的：

① 测定碳钢的弹性模量 E 和泊松比 μ。

② 验证胡克定律。

（2）实验方法：

电测法测定弹性模量 E、泊松比 μ。

（3）实验装置：

① 将组装好的拉伸试件安装在试验台前下方的框架中，如图 4.10 所示。

② 本实验荷载范围：0~5 000 N，试件 E = 190~210 GPa，μ = 0.26~0.33。

4. 偏心拉伸实验

（1）实验目的：

① 分别测量偏心拉伸试样中由拉力和弯矩所产生的应力。

② 测定最大正应力。

③ 测定偏心距。

④ 熟悉电阻应变仪的电桥接法，及其测量组合变形试样中某一种内力素的一般方法。

（2）实验装置同"材料弹性模量 E、泊松比 μ 的测定"。

5. 弯扭组合实验

（1）实验目的：

① 用电测法测定主应力的大小和方向。

② 在弯扭组合作用下，单独测出弯矩和扭矩。

（2）实验装置：该实验装置所用的试件采用无缝钢管制成一空心轴，外径 D = 40 mm，内径 d = 35.8 mm，E = 190~210 GPa，μ = 0.26~0.33，实验装置如图 4.11（a），根据设计要求初载 P_{min} ≥ 100 N，终载 P_{max} ≤ 700 N。试验前将扇形加力臂上的钢丝绳与传感器上绳座相连接。电阻应变片在管的 m-m' 处的布片方案如图 4.11（b）所示。

在待测截面的上表面 m 点及下表面 m' 点处分别粘贴直角应变花，电阻按顺时针排列（下表面测点 m' 电阻应变片顺序由下往上看），R_a（R'_a）为第一片；R_b（R'_b）为第二片；R_c（R'_c）为第三片。

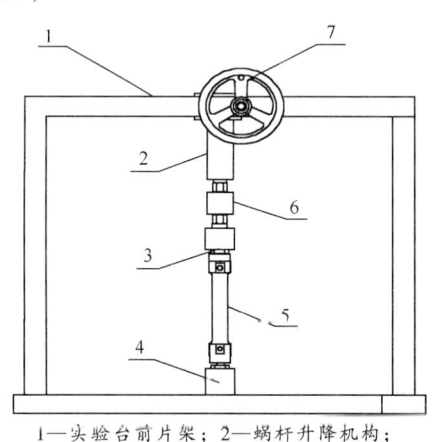

1—实验台前片架；2—蜗杆升降机构；
3—拉伸上铰座；4—拉伸下铰座；
5—试件；6—拉压力传感器；
7—手轮。

图 4.10 弹性模量 E、泊松比 μ 的测定实验装置

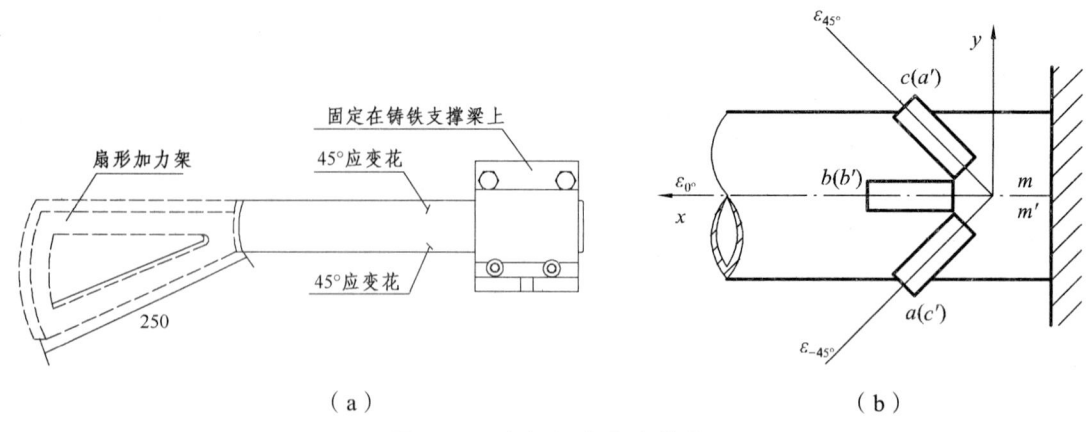

图 4.11 弯扭组合实验装置

（3）实验方法：
① 测主应力的大小和方向时，将各应变片与公共补偿片组成半桥。
② 弯矩 M 的测量（消除扭转因素），R_b 与 R_b' 组成半桥接入。
③ 扭矩 T 的测量（消除弯矩因素），利用 R_a、R_a'、R_c、R_c' 四片电阻应变片组成全桥接入。

6. 悬臂梁实验

（1）实验目的：
测定悬臂梁上下表面的应力，验证梁的弯曲理论。

（2）实验装置：
在试验台前片架右边有一悬臂梁座,将梁的任意端装在支座上,紧固后便可进行实验,如图 4.12 所示。梁在弯曲时，同一截面上表面纤维产生压应变，下表面产生拉应变，但拉压的绝对值相等。

（3）悬臂梁的动应力测定：
当 R_1、R_2 接入动态应变仪，用光线示波器进行记录，以敲击法，可记录下其振动波形。并与理论计算进行比较。

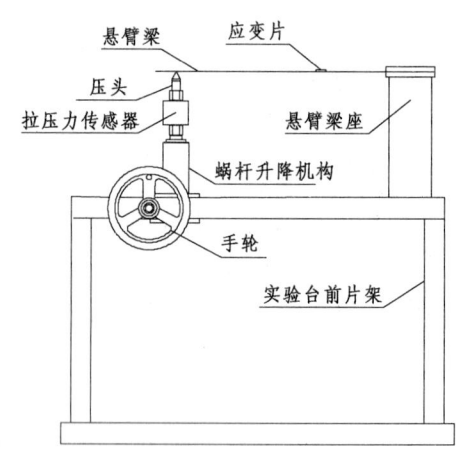

图 4.12 悬臂梁实验装置

本实验荷载范围：0~50 N，试件 $E = 190 \sim 210$ GPa，$\mu = 0.26 \sim 0.33$。

利用该实验装置，将悬臂梁改成等强度梁，还可进行等强度梁实验。

7. 压杆稳定实验

（1）实验目的：

① 观察压杆丧失稳定现象。

② 用实验方法测定两端铰支压杆临界荷载 P_K 并与理论值进行比较。

（2）实验装置：

① 将组装好的压杆稳定试验装置安装在试验台前片架内框正中，如图 4.13 所示。

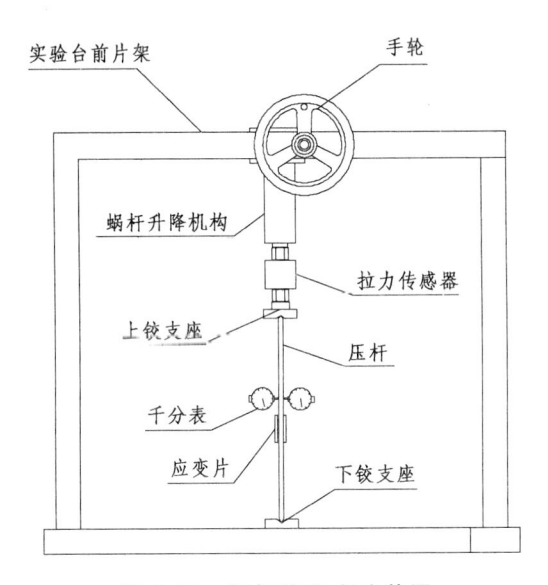

图 4.13 压杆稳定实验装置

② 加载方法，该装置仍采用蜗杆及蜗旋千斤机构，通过传感器由力&应变综合参数测试仪测力部分读出力的大小。

本实验采用矩形截面长试件，试件由比例极限较高的弹性钢制成，放在上下铰支V形槽中，相当于两端铰支，转动手轮进行加载。

由电阻应变片确定临界荷载时，在试件中段的截面左右各贴一片应变片，进行应变测量，应变值由力&应变综合参数测试仪测应变部分读出。

由挠度确定临界荷载时，因事先不知道加载后试件弯曲方向，所以在试件中央的左右各置一百分表，试件挠度朝向哪一边，就以哪个百分表的读数作为依据。

两端铰接受到有轴向压力 P 的压杆，当 P 很小时则承受简单压缩，假如人为地在试件任一侧面扰动使试件稍微弯曲，扰动力消失后试件会自动弹回恢复原状，即试件轴线仍保持直线，说明此时试件处于稳定状态。

假如逐渐给试件加载，当达到某一 P_K 值时，虽然扰动力去掉消失，但试件轴线不再恢复直线，此时试件即丧失了稳定性，荷载 P_K 即为临界值：

$$P_\mathrm{K} = \frac{\pi^2 EI_{\min}}{(UL)^2} \qquad (4.2)$$

式中 $I_{\min}$——压杆截面最小惯性矩；

E——压杆弹性模量；

L——压杆长度；

U——压杆长度系数。

该实验装置用户稍加改装还可做测定一端固定，一端铰支状态下压杆稳定试验。

本实验试件：E = 190 ~ 210 GPa，μ = 0.26 ~ 0.33。

（四）实验装置使用注意事项

实验台初次使用时，应调节实验台下面四只底盘上的螺杆，将支撑梁顶面调至水平，放上弯曲梁组件，使弯曲梁上两根加载杆处于自由状态，不碰到中间槽钢圆孔周边。本设计蜗杆升降机构的滑移轴行程为 50 mm，手轮摇至快到行程末端时，应缓慢摇动手轮，以免撞坏有关零件。

当所有实验进行完毕，应放松蜗杆，最好是拆下试件以免闲杂人员乱动机构损坏传感器与试件。

六、XL3410S 型多功能压杆稳定实验台

（一）研制目的

本实验台主要是为完善和改进材料力学教学实验而研制的，压杆稳定是材料力学教学中的一个难点，为增加学生对压杆承载及失稳的感性知识，加深对压杆承载特性的认识，理解理想压杆是实际压杆的一种抽象，并正确认识二者的联系与差别，亲自感受并实际测量不同支承条件（约束）对同一压杆承载能力的显著影响，特设计和安排了本实验。

本实验装置除压杆稳定（弹性）实验外，还可兼做其他力学实验与小型结构的静载实验。因为本实验台已具备了加力、测力和测位移的三项基本功能，利于实验室的多台并列配置，利于学生自主实验。其功能还可进一步扩充和完善，为今后的材料力学（及结构力学）实验教学的改革奠定基础。

（二）结构与功能

实验台的结构如图 4.14 所示，弹性压杆试件如图 4.15 所示。图中已标出供确定压杆计算长度使用的有关参考尺寸。

实验台配备的支座有：下铰支座 2 副，中间支撑卡 1 副，平错压头及滚珠盘 1 副，上铰支座（滚珠盘）1 个，木质仪器箱 1 个。供学生实验选择的支座安装方式如图 4.16 所示。

图 4.14 实验台结构

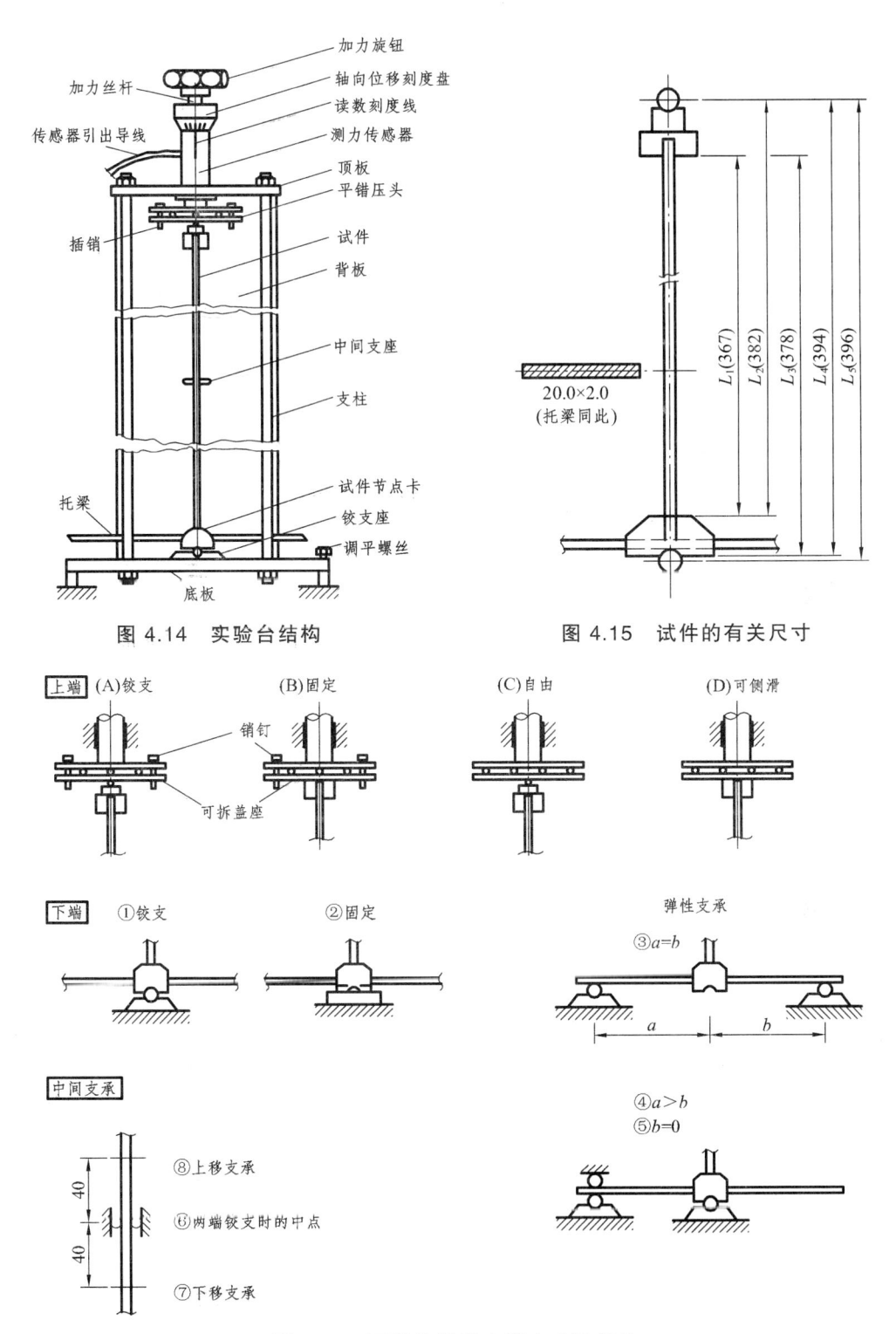

图 4.15 试件的有关尺寸

图 4.16 可供选择的支撑方式及编号

由图可知，上、中、下 3 类支座的组合方式种类很多，可供选择的实验项目，除几种典型的约束条件（$\mu = 0.5$、0.7、1.0、2.0）之外，还可做各种弹性支承条件下的压杆承载力

45

测定实验，学生选择的余地很大，也便于教师因材施教。

（三）主要技术数据

实验台质量：7.5 kg；
外形尺寸：200 mm×200 mm×610 mm；
最大荷载：2 kN；
测力传感器示值误差：≤ ±2%；
轴向位移测量误差：≤ ±0.02 mm；
台体顶、底板中心偏离：≤ ±1 mm；
试件截面尺寸：20 mm × 2 mm；
试件材料弹性模量：$E = 213$ GPa；
试件初弯曲率（δ/l）：≤ 1/10 000。

（四）操作说明

（1）实验方案选定之后，按照图 4.17 仔细安装、调整支座，并检查是否符合设定状态。调整底板调平螺丝，使台体平稳。

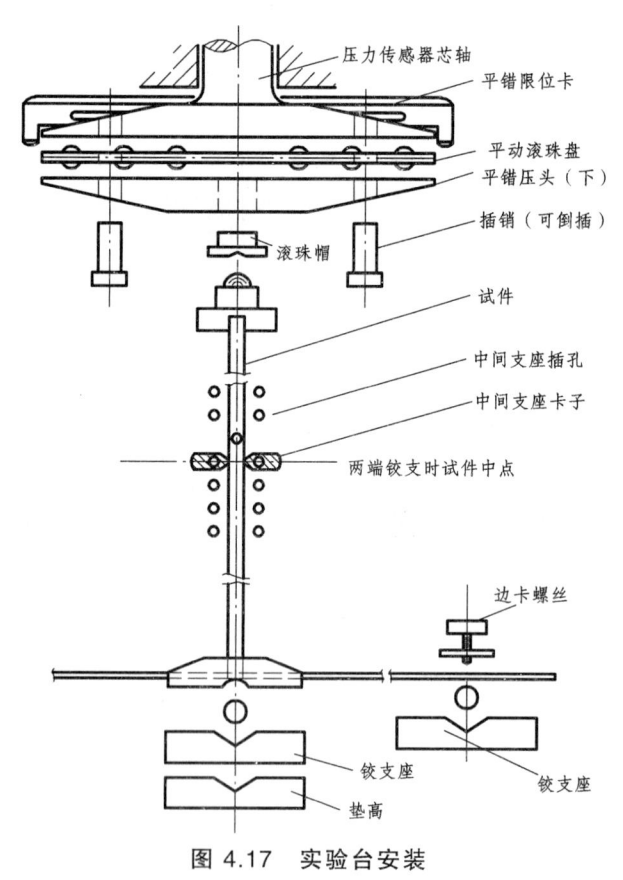

图 4.17 实验台安装

（2）调整好应变仪以后，进入测量状态，调整应变仪零点（注意：此时应松开加力旋钮）。

（3）在正式测试实验之前，应先试压几次，以积累经验，同时观察试件变形现象以及弹性曲线特征；体会加力时的手感，注意有无突然松弛、试件突然变弯，应变仪读数有无突然下降等现象。如有，则是试件从直线状态的不稳定平衡，跳至微弯曲平衡。注意观察在继续拧进时的读数显示与此前有何变化等情况，反复做几次，同时可以轮换操作，亲身感受。

（4）正式测试时，做好位移和应变读数（压力）的记录。轴向位移：旋钮每转一圈压头下降 1 mm，每格刻度 0.02 mm，先旋松旋钮，检查应变仪读数是否为零，缓慢旋进，当见到应变仪读数出现改变时，调整轴向位移刻度盘，使之为零（若用侧向位移，须将磁性位移标尺横置于试件最大挠度处，对好零点）。加力的级差（旋钮刻度），初始时要小，明显弯曲后，可大幅度放大。

（5）绘制压力-位移曲线（P-Δ）曲线或应变-位移（ε-Δ）曲线。应变值与压力的换算关系为：

$$P = \frac{\varepsilon - a}{b} \quad (4.3)$$

式中　P——压力，N；

ε——应变，$1\mu\varepsilon = 10^{-6}\varepsilon$；

a、b——传感器的参数（a 为初始应变值，b 为传感器灵敏度），出厂前已标定，并给出传感器标定数据。

由 P-Δ（或 ε-Δ）曲线确定压杆的极限承载力 P_{jx}，并与相应的理论临界力 P_{cr} 相比较。

（五）保养与注意事项

（1）每次使用完毕，实验台要擦拭干净，试件必须上油防锈；支座、平错压头及滚珠盘也必须保持润滑。

（2）传感器部分的保养：每次试验结束，应放松加力旋钮，卸下压杆。

（3）传感器标定参数（a，b），每使用两年应重新标定一次。

（4）仔细保护好传感器引出线及电缆，以防损坏。

（5）实验完毕，装回仪器盒时应清点附件，防止丢失。

七、XL2101B2/B3 静态电阻应变仪

（一）概　述

XL2101B 系列静态电阻应变仪可广泛应用于土木工程、桥梁、机械结构的实验应力分析，结构及材料任意点变形的应力分析。配接压力、拉力、扭矩、位移和温度传感器，对上述物理量进行测试。因此，该仪器在材料研究、机械制造、水利工程、铁路运输、土木建筑及船舶制造等行业得到了广泛应用。

该系列静态电阻应变仪采用全数字化智能设计，本机控制模式时采用 LED 显示当前测

点序号及测得应变值，测点切换采用键盘控制真空密封继电器程控完成，同时具备灵敏系数数字设定，桥路单点、多点自动平衡及自动扫描测试等功能；计算机外控模式时，可通过连接计算机与相应软件组成多点静态应变测量分析系统，完成从采集存档到生成测试报告等一系列功能，轻松实现虚拟仪器测试。

XL2101B2型、XL2101B3型静态应变仪是该系列应变仪中适合高校实验室实验及小型工程测试的两款机型。该两款机型主机均自带扫描箱（B2-10点、B3-16点），采用仪器上部接线方式，接线方法兼容常规模拟式静态电阻应变仪，使用方便可靠。

在高校材料、结构及工程力学教学实践中，XL2101B2/B3静态应变仪能使学生充分理解现代应变测试中常用的预读数法自动桥路平衡的概念；同时如果您购买的机器中含计算机接口及配套软件，更能使学生体会到静态应变数据采集分析系统（计算机程控）的一些基本概念及使用方法。因此，XL2101B2/B3静态电阻应变仪以其良好的性能价格比深受用户的好评，并成为诸多力学实验室模拟应变仪升级换代的首选产品。

（二）XL2101B2/B3静态电阻应变仪操作流程（见图4.18）

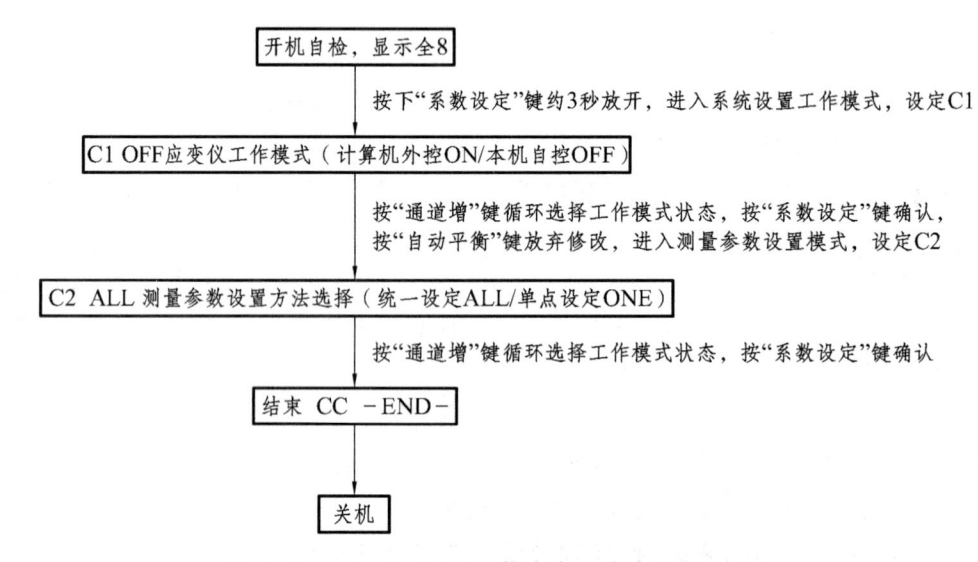

```
┌──────────────────────┐
│  开机自检，显示全8    │
└──────────┬───────────┘
           │ 按下"系数设定"键约3秒放开，进入系统设置工作模式，设定C1
┌──────────┴────────────────────────────────┐
│ C1 OFF应变仪工作模式（计算机外控ON/本机自控OFF）│
└──────────┬────────────────────────────────┘
           │ 按"通道增"键循环选择工作模式状态，按"系数设定"键确认，
           │ 按"自动平衡"键放弃修改，进入测量参数设置模式，设定C2
┌──────────┴─────────────────────────────┐
│ C2 ALL 测量参数设置方法选择（统一设定ALL/单点设定ONE）│
└──────────┬─────────────────────────────┘
           │ 按"通道增"键循环选择工作模式状态，按"系数设定"键确认
┌──────────┴──────────┐
│  结束 CC -END-       │
└──────────┬───────────┘
┌──────────┴──────────┐
│        关机          │
└──────────────────────┘
```

图4.18 XL2101B2/B3静态电阻应变仪操作流程

注：再次开机时，设置参数生效；当使用计算机外控模式时，开机后仪器显示"PC-CodE"，并且必须配接相应的静态数据采集分析软件。

实验实训报告

任务一　材料在轴向拉伸时的力学性能检测

专业_____　班级_____　日期_____　姓名_____

一、实验实训目的

二、实验实训设备和工具

三、实验实训数据记录及其处理

（一）实验前数据

实　验　前　数　据　表

材料	初始标距 l_0/mm	试件直径 d/mm			最小直径	横截面面积 A_0/mm²
		截面（上） d_{01}	截面（中） d_{02}	截面（下） d_{03}	d_0	
低碳钢						
铸铁						

（二）实验后数据

实　验　后　数　据　表

材料	断后标距 l_1/mm	断口处直径/mm			屈服荷载 P_s/kN	最大荷载 P_b/kN
		d_1'	d_1''	d_1（平均）		
低碳钢						
铸铁						

（三）数据处理

1. 计算屈服极限

$$\sigma_s = \frac{P_s}{A_0} =$$

2. 计算强度极限

$$\sigma_b = \frac{P_b}{A_0} =$$

3. 计算断后伸长率

$$\delta = \frac{l_1 - l_0}{l_0} \times 100\% =$$

4. 计算断面收缩率

$$\psi = \frac{A_0 - A_1}{A_0} \times 100\% =$$

5. 绘制断口形状

6. 绘制 $P-\Delta l$ 曲线图

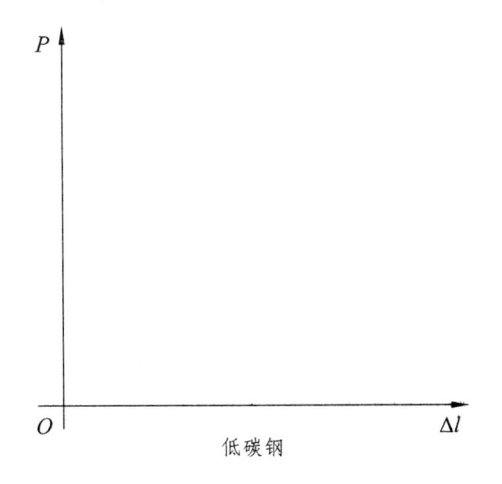

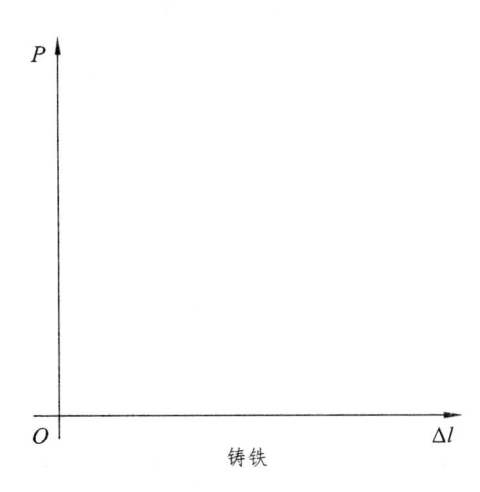

P ↑　　　　　　　　　　　　　　　　P ↑

O　　　低碳钢　　　Δl　　　　　O　　　铸铁　　　Δl

四、实验实训结果分析

任务二 材料在轴向压缩时的力学性能检测

专业_____ 班级_____ 日期_____ 姓名_____

一、实验实训目的

二、实验实训设备和工具

三、实验实训数据记录及其处理

（一）实验前数据

压缩试验前测数据

实 验 前 数 据 表

材料	高 度 h_0/mm	试件直径 d_0/mm			横截面面积 A_0/mm²
		d_1	d_2	平均值	
低碳钢					
铸铁					

（二）数据处理

低碳钢试件的屈服荷载　　$P_s =$ _____ kN

铸铁试件的最大荷载　　　$P_b =$ _____ kN

低碳钢的屈服极限　　　　$\sigma_s = \dfrac{P_s}{A_0} =$ _____ MPa

铸铁的强度极限　　　　　$\sigma_b = \dfrac{P_b}{A_0} =$ _____ MPa

（三）绘制压缩曲线

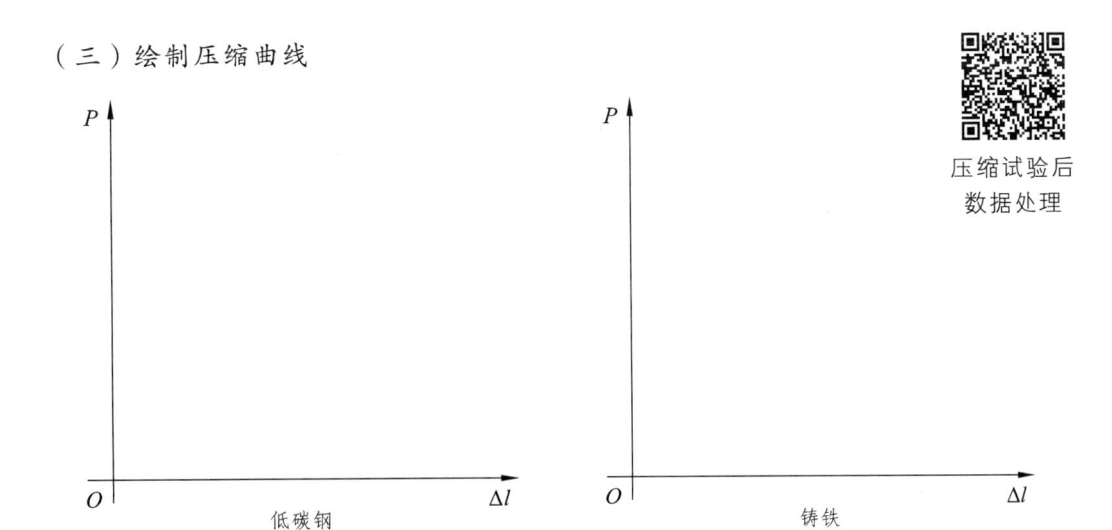

压缩试验后数据处理

（四）绘制低碳钢和铸铁破坏后的形状

四、实验实训结果分析

任务三　细长压杆稳定性测定

专业_____ 班级_____ 日期_____ 姓名_____

一、实验实训目的

二、实验实训设备和工具

三、实验实训数据记录及其处理

（一）实验前数据

实 验 前 数 据 表

材料	试件长度 /mm	试件横截面尺寸 宽度 b /mm	试件横截面尺寸 厚度 h /mm	惯性矩 I_{min}	长度系数 μ	弹性模量 E
低碳钢	396	20	2	$bh^3/12$	1	210 GPa

54

压力传感器灵敏度数_____。

（二）实验后数据

次数	刻度盘读数 δ	应变仪读数 ε
第一次		
第二次		

细长压杆测临界力后数据处理

（三）根据荷载与读数绘制 $P-\delta$ 曲线

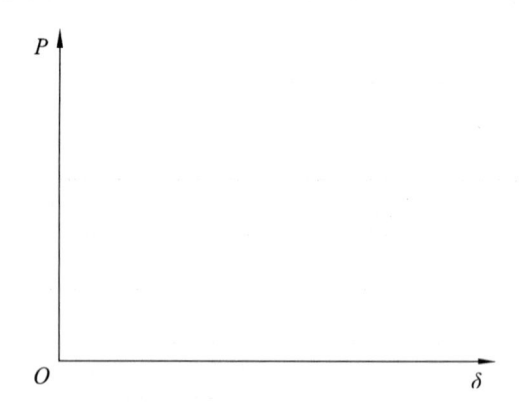

由 $P-\delta$ 曲线确定出的临界荷载 P_{cr} = ＿＿＿＿＿＿＿＿

（四）理论临界荷载值 P_{cr} = ＿＿＿＿＿＿＿＿＿＿

四、实验实训结果分析

任务四　简支梁纯弯曲部分正应力测定

专业_____　班级_____　日期_____　姓名_____

一、实验实训目的

二、实验实训设备和工具

三、实验实训数据记录及其处理

（一）实验前数据

实　验　前　数　据　表

测定距中性轴的距离				梁的截面尺寸
y_1/mm	－20	实验梁尺寸	宽度 $b = 20$ mm	
y_2/mm	－10		高度 $h = 40$ mm	
y_3/mm	0		跨度 $L = 600$ mm	
y_4/mm	＋10		荷载距离 $a = 125$ mm	
y_5/mm	＋20		弹性模量 $E = 206 \sim 210$ GPa	

57

材料的弹性模量 $E =$ _____ MPa

（二）实验后数据

实 验 后 数 据 表

荷载	P/N	300	600	900	1200	1500	1800	$\Delta\varepsilon_{平均}$
	ΔP/N	300	300	300	300	300		
测点 1	读数 ε							
	$\Delta\varepsilon$							
测点 2	读数 ε							
	$\Delta\varepsilon$							
测点 3	读数 ε							
	$\Delta\varepsilon$							
测点 4	读数 ε							
	$\Delta\varepsilon$							
测点 5	读数 ε							
	$\Delta\varepsilon$							

纯弯曲梁测应力后数据处理

（三）数据处理

1. 实测应力增量（按胡克定律 $\Delta\sigma_i = E\Delta\varepsilon_i$ 计算）

$\Delta\sigma_1 = E\Delta\varepsilon_{1平均} \times 10^{-6} =$

$\Delta\sigma_2 = E\Delta\varepsilon_{2平均} \times 10^{-6} =$

$\Delta\sigma_3 = E\Delta\varepsilon_{3平均} \times 10^{-6} =$

$\Delta\sigma_4 = E\Delta\varepsilon_{4平均} \times 10^{-6} =$

$\Delta\sigma_5 = E\Delta\varepsilon_{5平均} \times 10^{-6} =$

2. 理论应力增量（按 $\Delta\sigma_i = \dfrac{\Delta M \cdot y_i}{I_Z} = \dfrac{\Delta F_P a y_i}{2I_Z}$ 计算）

$\Delta\sigma_1 = \dfrac{\Delta Pa \cdot y_1}{2I_Z} =$

$$\Delta\sigma_2 = \frac{\Delta Pa \cdot y_2}{2I_Z} =$$

$$\Delta\sigma_3 = \frac{\Delta Pa \cdot y_3}{2I_Z} =$$

$$\Delta\sigma_4 = \frac{\Delta Pa \cdot y_4}{2I_Z} =$$

$$\Delta\sigma_5 = \frac{\Delta Pa \cdot y_5}{2I_Z} =$$

（四）根据实验结果描绘应力沿截面高度分布图

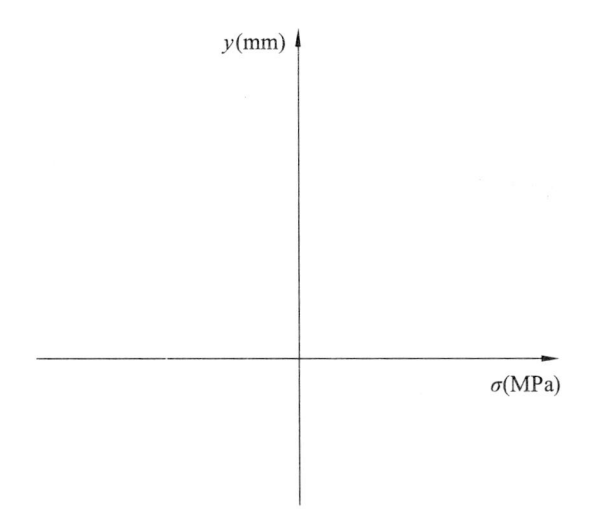

四、实验实训结果分析

任务五　简支梁纯弯曲部分挠度测定

专业_____　班级_____　日期_____　姓名_____

一、实验实训目的

二、实验实训设备和工具

三、实验实训数据记录及其处理

（一）实验前数据

实　验　前　数　据　表

试样尺寸及有关数据		试样受力简图
跨度 L/mm	600	
截面宽度 b/mm	20	
荷载距离 a/mm	125	
截面高度 h/mm	40	
弹性模量 E/MPa	2.1×10^5	
面积二次矩 I_z/mm⁴	$bh^3/12$	

材料的弹性模量 $E =$ _____ MPa

（二）实验后数据

实　验　后　数　据　表

荷载 /N	P	300	600	900	1200	1500	1800	$\Delta P_{平均}$
	ΔP	300	300	300	300	300	300	300
测线位移百分表读数	读数 C							$\Delta C_{平均}$
	ΔC							
测转角位移百分表读数	读数 B							$\Delta B_{平均}$
	ΔB							

（三）数据处理

1. C 处线位移增量

实测值　　$\Delta y_c^* = \Delta C_{平均} =$

理论值　　$\Delta y_c = \dfrac{\Delta p \cdot a}{48EI} \times (3l^2 - 4a^2) =$

相对误差　　$\left| \dfrac{\Delta y_c^* - \Delta y_c}{\Delta y_c} \right| \times 100\% =$

2. B 截面处转角

实测值　　$\Delta \theta_B^* = \dfrac{\Delta \theta_{平均}}{e} =$

理论值　　$\Delta \theta_B = \dfrac{\Delta Pa}{2EI}(l - a) =$

相对误差　　$\left| \dfrac{\Delta \theta_B^* - \Delta \theta_B}{\Delta \theta_B} \right| \times 100\% =$

四、实验实训结果分析

参考文献

[1]　王彦生. 材料力学实验 [M].2 版. 北京：中国建筑工业出版社，2022.
[2]　刘五祥. 工程力学实验[M]. 上海：同济大学出版社，2021.
[3]　邓宗白. 材料力学实验与训练 [M].2 版. 北京：高等教育出版社，2022.